Hubert Zeiler

Fuchs

Hubert Zeiler

Fuchs

Österreichischer Jagd- und Fischerei-Verlag

Dr. Hubert Zeiler, Jahrgang 1963,
lebt in Slowenien und Kärnten.
Von Berufung und Beruf ist er
Wildbiologe, Autor und
Bildender Künstler.

Titelbild: Jaroslav Vogeltanz

Fotos: Gunther Greßmann (9): S. 24, 36, 37, 43, 86, 121, 128, 130 Mitte und unten;
Veronika Grünschachner-Berger (1): S. 95;
Markus Stähli (21): S. 2, 8, 16, 18, 19, 23, 55, 58, 75-76, 83, 89, 91, 115, 120, 134, 157, 173, 174;
Jaroslav Vogeltanz (20 plus Titel): S. 11, 20, 21, 26, 34, 41, 48, 69, 98, 116, 119, 127 o., 137, 141, 142, 149, 160, 163, 167, 168;
Hubert Zeiler (21): S. 13, 52, 63, 65 u., 67, 71-72, 79-82, 84, 104, 129 Mitte links, 130 rechts oben, 154;
Markus Zeiler (25): S. 33, 38, 40, 61, 62, 65 o., 101, 106, 109, 112, 117, 125, 127 u., 129 alle bis auf Mitte links, 130 links oben, 159, 169, 170.

Layout und Leitung Produktion: Michael Sternath
Haugoon, Ole Goof?
Hainun?

Verlagsassistenz und Sekretariat: Angela Pleyel

Gesamtherstellung: Christian Theiss, Sankt Stefan im Lavanttal

ISBN 978-3-85208-143-4

INHALT

Erstes Kapitel:

Woher kommst du? 9

Eurasier mit amerikanischen Wurzeln 11
Leichtfüßiger Einzelgänger – Körperbau und Anpassung 15
Namen und Verwandte 21

Zweites Kapitel:

Verbreitung und Lebensraum:
Überall daheim, am liebsten in unserer Kulturlandschaft 27

Streifgebiete und Wilddichten 36
Dorffüchse und Landstreicher 37
Bergfüchse 42
Drei Größenkategorien 45
Tages- und Wanderstrecken 46

Drittes Kapitel:

Verhalten:
Einzelgänger oder Rudeltier? 53

Territorien – „Revierjagd versus Lizenzsystem" 56
Im Zentrum der Bau? 61
Beobachtungen am Fuchsbau 68
Zuwachs, Helfer und Vielweiberei 73
Spiel 82
Wilddichten und Bestandesdynamik 86
Einfluss der Jagd 91
Phänomen Stadtfuchs – längst kein Ausnahmefall mehr 93

Viertes Kapitel:

Nahrungsspektrum: Kein Kostverächter 99

Rehkitze als alternative Beute in Skandinavien 101
Fuchs und Hase 108
Maus ist nicht gleich Maus 112
Spitzmaus, Maulwurf und Igel 117
Raufußhühner und andere Vögel 119
Regenwürmer – unberechenbar, aber kalorienreich 125
Dies und das – eine fast unüberschaubare Nahrungspalette . . . 126
Vorratswirtschaft 131

Fünftes Kapitel:

Fuchs, Luchs & Company: Wenn der Räuber zur Beute wird 135

Der Fuchs im Wechselspiel der Raubtiere 137
Luchs *137*
Wolf *139*
Kojote *140*
Dachs *140*
Marder *142*
Greifvögel und Eulen 143
„Mesoprädatoren" – wenn der Druck auf die mittlere Liga nachlässt 144

Sechstes Kapitel:

Krankheiten 147

Kleiner Fuchsbandwurm 147
Fuchsräude 148
Tollwut 151

Siebtes Kapitel:

Jagd und Bestandeskontrolle 155

Achtes Kapitel:

Mythos Fuchs 161

Reineke Fuchs 161
Kornfuchs 162
Feuerfuchs 165
Füchse in Ostasien 166

Steckbrief Fuchs 169
Echte Füchse 176
Ausgewählte Literatur (für Studierfüchse) 181

Erstes Kapitel:

Woher kommst du?

Wie immer man zu Füchsen stehen mag, die Tierart fasziniert, erregt, ihr Anblick elektrisiert – mich zumindest. Ganz gleich, ob am frühen Morgen hoch oben am Berg über der Waldgrenze, wenn ein Fuchs durch eine Murmeltierkolonie streift und noch kurz am Birkhuhnbalzplatz vorbeischaut, oder wenn er in der Ranzzeit im Feld einer Hecke entlangschnürt – denke ich an Füchse, dann werden Bilder lebendig: ranzende Füchse im stiebenden Pulverschnee; wenig scheue Bergfüchse auf sommergelben Trollblumenwiesen; Füchse, die im Treiben plötzlich da sind, und solche, die zögerlich auf dem Pass anwechseln, immer wieder zurückverhoffend; sich balgende Jungfüchse im Mai vor dem Bau; ein roter Fleck im Sonnenlicht zwischen den Wurzelausläufern eines Baumstocks, der sich als schlafender Fuchs erweist; Füchse, die auf gemähten Wiesen mitten am Vormittag nach Mäusen suchen; und auch ein Fuchs mit einem weißen Huhn im Fang, der von einem Bauernhof über die Felder dem nahen Wald entgegeneilt; Maikäfer fangende Füchse, die in Kapriolen den schwerfälligen Käfern hinterherspringen; und dann ein Fuchs wie ein Waldgeist in den weiten Wäldern Sloweniens, der zu einer Rotwildsuhle kommt, dort trinkt und ebenso rasch wie er gekommen ist wieder verschwindet, um eins mit dem Wald zu werden.

Was genau den Fuchs so spannend macht, das weiß ich nicht. Er ist wendig, kommt in allen Lebenslagen zurecht, lässt sich in kein Schema pressen, ist enorm anpassungsfähig, allgegenwärtig und dennoch kaum zu fassen. Der Fuchs fasziniert, weil er aus jeder Situation das Beste macht. Aber ist das alles? Bei weitem nicht! Gewiss ist auch, dass uns die Farbe Rot anregt, Energien entfacht, Glück und Lebensfreude werden ebenso damit verbunden wie Wut und Zorn. Irgendwo dazwischen steht auch das Verhältnis zwischen Fuchs und Mensch. Zumindest symbolisch erwischt uns der Rote damit ebenfalls. In weiten Teilen Mitteleuropas war der Fuchs über viele Jahrzehnte die letzte „größere“ Raubwildart, die uns geblieben ist. Obwohl durchaus häufig, ist dieser Jäger aber selten zu sehen, weshalb ein jeder Anblick immer etwas Besonderes ist – noch dazu bei hellem Tageslicht. Ganz außergewöhnlich sind Beobachtungen dann, wenn dich der Fuchs nicht bemerkt und dir wenigstens für ein paar Augenblicke Einblick in seine Welt gewährt. Diese Augenblicke sind rar und kurz, weshalb unser Bild über diese Wildart oft nur bruchstückhaft bleibt.

Der kanadische Fuchsforscher J. David Henry setzt beim Verständnis dieser Wildart an einem ungewöhnlichen Punkt an:

> Den Rotfuchs beginnen jene zu verstehen, die von seiner Schönheit fasziniert sind – Grazie und Eleganz haben dieses Tier durch seine Entwicklungsgeschichte geführt. Ästhetik und Anpassung sind eins im Rotfuchs.

Henry meint damit, dass Körperbau, Erscheinungsbild und Verhalten das Ergebnis jahrtausendelanger Anpassung sind – allein beim Hinschauen erkennt der Beobachter also bereits, was den Fuchs heute auszeichnet. Die wildbiologische Forschung hat dazu in den letzten Jahrzehnten viel ans Tageslicht gebracht. J. David Henry hat sich mit dem Rotfuchs über Jahre intensiv befasst. Er zählt zu den bekanntesten Fuchsforschern, und man merkt ihm die Begeisterung an, mit der er an der Arbeit war. Über Füchse geforscht hat er in den borealen Nadelwäldern der kanadischen Provinz Saskatchewan. Henry geht davon aus, dass sich der Rotfuchs ursprünglich auch in ähnlichen Lebensräumen entwickelt hat – doch davon später mehr. Werfen wir zunächst einen Blick auf Entwicklungsgeschichte und Verwandtschaft dieser Wildart.

Eurasier mit amerikanischen Wurzeln

Rotfüchse gibt es seit etwa zwei Millionen Jahren. Sicher ist heute, dass diese Tierart in Eurasien entstanden ist, die ersten Echten Füchse haben sich jedoch in Nordamerika schon vor neun Millionen Jahren entwickelt. Aus Eurasien ist der Rotfuchs dann nach Nordamerika eingewandert. Heute besiedelt er mit Ausnahme von Wüsten, tropischen Regenwäldern und der Arktis die gesamte Nordhalbkugel. Erik Zimen hat ihn als den „Siegertyp des zwanzigsten Jahrhunderts" bezeichnet.

Füchse werden vom Menschen wie kaum eine andere Tierart verfolgt, und dennoch suchen sie unsere Nähe und profitieren sogar davon. Der Rotfuchs ist der anpassungsfähigste aller Füchse, er ist derzeit die erfolgreichste Art in der großen Familie der Hundeartigen – und er ist das häufigste Raubtier weltweit, lässt man den Hund einmal außer Acht.

Weltenbürger mit amerikanischen Wurzeln.

Die ersten Echten Füchse entwickelten sich vor 9 Millionen Jahren in Nordamerika. Der Rotfuchs entstand aber erst viel später in Eurasien.

Füchse gehören zu den Raubtieren – auch wenn wir noch sehen werden, dass damit nicht unbedingt reine Fleischfresser gemeint sind. Bei den Raubtieren gibt es zwei große Gruppen: die Hundeartigen und die Katzenartigen. Die Hundeartigen spalten sich wieder in mehrere Familien auf; neben Bären, Robben und Mardern bilden die Hunde eine dieser Familien. Die Familie der Hunde teilt man dann wieder in zwei große Stämme, nämlich die Echten Hunde und die Echten Füchse. Womit wir mit den Letzteren endlich bei unseren Füchsen wären. Nicht ganz, denn der Stamm der Füchse teilt sich nochmals in drei Gattungen auf. Zur Gattung *Vulpes* zählen zwölf verschiedene Fuchsarten, darunter auch die namensgebende Form, unser Rotfuchs *(Vulpes vulpes)*. Daneben gibt es noch die Gattung der Graufüchse und jene der Löffelhunde. Ein Überblick über die einzelnen Fuchsarten und deren Vorkommensgebiete ist am Ende des Buches im „Steckbrief" zu finden. Nur so viel vorweg: Der Rotfuchs ist von allen Arten die größte und schwerste, obwohl es beträchtliche Schwankungen je nach Vorkommen und Lebensraum geben kann – und er ist aus meiner Sicht tatsächlich auch die weitaus schönste…

Die Entwicklungsgeschichte der Hundefamilie ist noch nicht vollständig geklärt – auch, weil immer wieder neue Fossilfunde gemacht werden. Wenn es um unsere heutigen Arten geht, dann ist ein Blick in die Vergangenheit dennoch von Interesse, denn er zeigt, dass auch bereits vor Millionen Jahren die Konkurrenz zwischen den Raubwildarten durchaus ein starker Selektionsfaktor war. Warum? Weil bei Raubtieren Konkurrenz nicht nur Verdrängung, Stress oder Nahrungsknappheit bedeutet, es kommt auch immer wieder vor, dass der Stärkere den Schwächeren tötet – das heißt, direkt aus dem Weg räumt. Wir können das auch noch heute beobachten, etwa zwischen Wolf und Kojote, Kojote und Fuchs, Luchs und Fuchs oder auch zwischen verschiedenen Fuchsarten. Vorauszuschicken ist dabei, dass wir in der Entwicklungsgeschichte von Tierarten in Millionen von Jahren rechnen,

„Siegertyp des 20. Jahrhunderts."
Seinen Siegeszug angetreten hat der Rotfuchs vor 2,5 Millionen Jahren. Einer der ältesten Nachweise stammt aus Ungarn.

obwohl uns jedes Gefühl für solche Zeiträume fehlt. Wenngleich die Entfaltung und Entwicklung von Arten tagtäglich vor unseren Augen abläuft, geben diese Zeitspannen aber dennoch wenigstens eine Ahnung davon, wie lange es in der Regel braucht, damit neue Tierarten entstehen – und in welch vergleichsweise kurzem Augenblick der Mensch Tausende von ihnen wieder aus dem Weg räumt. Wie gesagt, der Rotfuchs ist dabei eine große Ausnahme. Er zählt weltweit zu den wenigen Arten, die derzeit unserem Konkurrenzdruck standhalten. Im Gegenteil, wir haben ihn sogar noch weiter verbreitet und auf neue Kontinente gebracht. In Australien ist der Rotfuchs vom Menschen ausgesetzt worden – weshalb er heute wiederum von uns Menschen auch zu den schlimmsten invasiven Arten weltweit gerechnet wird. Zurück in die Erdgeschichte.

Nachdem sich Hunde und Katzenartige getrennt haben, entstanden innerhalb der Familie der Hunde bald drei weitere

Gruppen. Unsere Echten Hunde und Füchse gehören heute zu der einzig überlebenden Gruppe dieser ursprünglichen Hundeartigen. Sehr lange Zeit spielten sie aber nur eine untergeordnete Rolle, denn über viele Millionen Jahre dominierte eine Unterfamilie: die „Borophaginae". Es gibt keinen deutschen Namen für diese Raubtiere, und manchmal ist das vielleicht auch besser so, denn *boros* kommt aus dem Griechischen und bedeutet soviel wie „gefräßig", und *phago* bedeutet „essen". Der „gefräßige Esser" – das ist wirklich keine sehr attraktive Bezeichnung. Zurückzuführen ist der Name mit Sicherheit auf das extrem starke Brechscherengebiss dieser hundeartigen Raubtiere, von denen es viele verschiedene Arten gegeben hat. Gelebt haben sie alle in Nordamerika.

Nachweise dieser „knochenbrechenden Hunde", wie sie auch bezeichnet werden, gibt es seit rund 35 Millionen Jahren. Um es kurz zu machen: Fossilfunde zeigen, dass vor etwa 15 Millionen Jahren die Belege für diese Arten weniger zu werden beginnen. Bezogen auf heutige Wildtierpopulationen würde man sagen: „Die Bestände brechen ein." Wir müssen uns dabei jedoch vor Augen halten, dass es hier um erdgeschichtliche Zeiträume geht. Jedenfalls gibt es einen starken Rückgang, und vor etwa 10 bis 12 Millionen Jahren beginnt sich die Familie der heutigen Hunde dann in verschiedene Arten aufzufächern und beinahe rasant zu entwickeln – wenn man einen solchen Ausdruck in Zusammenhang mit Jahrmillionen verwenden darf. Wir sind immer noch in Nordamerika im Miozän. Vor etwa 20 Millionen Jahren sind dort Katzen aus Eurasien eingewandert, sie sind die besseren Überraschungsjäger, womit Konkurrenten für die frühen Hunde aufgetaucht sind. Gegen Ende des Miozäns kühlt es dann allmählich ab, die Lebensräume ändern sich, viele Wälder Nordamerikas weichen allmählich offenen Grasländern, es entstehen boreale Nadelwälder. Man nimmt also an: Klimawandel und Konkurrenz haben dazu geführt, dass die „Borophaginae" immer weiter zurückgedrängt wurden und dass sie deshalb vor zwei Millionen Jahren endgültig ausgestorben sind. Womit für die Vorfahren von Wölfen und Füchsen die Konkurrenz aus der Verwandtschaft vollends aus dem Weg war.

Bereits vor rund zehn Millionen Jahren hat sich der Stamm der Füchse von jenem der Echten Hunde getrennt. Die ersten echten Füchse gab es vor neun Millionen Jahren in Kalifornien. Am Beginn des Pleistozäns, das vor allem durch den Wechsel von Eiszeiten und Warmzeiten geprägt ist, dürfte sich dann unser heutiger Rotfuchs entwickelt haben. Das war vor etwa 2,5 Millionen Jahren – allerdings nicht in Nordamerika! Einer der ältesten Nachweise für unseren heutigen Rotfuchs stammt nämlich aus Ungarn.

Leichtfüßiger Einzelgänger – Körperbau und Anpassung

Immer wieder kommt es vor, dass der Fuchs als „katzengleicher Hund“ bezeichnet wird. Nun ist der Kopf mit der spitzen, langgezogenen Schnauze sicher alles andere als katzengleich, aber darum geht es hier nicht. Bevor wir näher auf diesen Vergleich eingehen, steht zuerst die Frage im Raum: Was zeichnet einen Fuchs aus? Zunächst einmal ein langgestreckter Körper, der nicht sehr hoch auf den Läufen steht. Die Schulterhöhe schwankt zwischen 35 und 50 Zentimeter, die Körperlänge zwischen 45 und 90 Zentimeter. Dazu kommt noch ein Schwanz, der mehr als ein Drittel der gesamten Körperlange misst. Die Lunte ist zwischen 35 und 55 Zentimeter lang. Die Maße zeigen, dass es im riesigen Verbreitungsgebiet große Schwankungen innerhalb dieser Wildart gibt.

Ein weiteres Kennzeichen für alle Füchse ist: Sie sind sehr leicht. Die Gewichtsangaben reichen von 2,5 bis 9 Kilogramm. Fähen sind im Durchschnitt um 15 bis 20 Prozent leichter als Rüden. Insgesamt schwanken auch die Gewichte stark. Ein Grund dafür ist, dass beim Fuchs die Bergmann’sche Regel

Im Norden größer, im Süden kleiner.

Der Rotfuchs hat ein riesiges Verbreitungsgebiet. Größe und Gewicht können je nach Vorkommen ordentlich schwanken.

innerhalb ein und derselben Art deutlich bestätigt wird. Diese Regel lautet: Je weiter man nach Norden geht, desto größer und schwerer werden die Tiere nah verwandter Arten. Die Rotfüchse in Skandinavien sind also deutlich schwerer als Rotfüchse im Süden Italiens oder im Norden Afrikas. Dasselbe gilt vereinfacht auch in den Alpen für echte Bergfüchse und Füchse, die in Niederungen leben. Im Kern geht es hier um den Wärmehaushalt. Mit der Größe eines Körpers ändert sich das Verhältnis zwischen Oberfläche und Volumen; je größer ein Körper, desto kleiner wird die Oberfläche im Verhältnis zum Körpervolumen. Das heißt, ein Fuchs im Norden Finnlands verliert allein aufgrund seiner Körpergröße schon weniger Wärme als ein kleiner Fuchs am Rande der Sahara in Algerien oder Tunesien.

Natürlich erregen Berichte von Füchsen mit über 10 Kilo immer wieder besonderes Aufsehen; in Ausnahmefällen sollen sogar bis 14 oder 15 Kilo möglich sein. Doch das sind Einzelfälle. Grundsätzlich gilt: Füchse fallen in die Kategorie „Federgewicht“! Warum? Vergleicht man Rotfüchse mit etwa gleich großen Hunden, dann stellt sich heraus, dass sie deutlich weniger Gewicht auf die Waage bringen. Zum Vergleich: Während ein durchschnittlicher Fuchs etwa 5 bis 6 Kilo wiegt, kommt ein Irischer Terrier mit der gleichen Schulterhöhe oder auch ein starker Rauhaardackel auf rund das doppelte Gewicht. Zurückzuführen ist das bei den Füchsen auf die schlanken Beine, einen deutlich leichteren Knochenbau und einen nur kleinen Magen. Füchse können nicht wie Wölfe große Mengen Fleisch auf einmal verschlingen. Ein Wolf ist in der Lage, 8 bis 11 Kilogramm Fleisch auf einmal zu fressen, das entspricht etwa 20 Prozent seines Körpergewichtes. Ein Fuchs schafft nicht viel mehr als 500 bis 600 Gramm, das entspricht nur rund 10 Prozent seines Körpergewichtes. Und damit sind wir beim Vergleich mit den Katzen.

J. David Henry bezeichnet den Fuchs als die ultimative „Hundemausefalle“. Tatsächlich zählen Mäuse zu den wichtigsten Beutetieren von Füchsen – genauer gesagt: Wühlmäuse. Sie sind aufgrund ihrer Größe eine ideale Beute. Das Angebot ist groß. Nur: Wer Mäuse jagt, der kann dies nicht im Rudel tun. Mäusejäger sind zunächst einmal Einzelgänger! Voraussetzung für den Jagderfolg ist, dass der Jäger in der Lage ist, das Beutetier zu orten, es anzuschleichen, um unentdeckt möglichst nahezukommen und dann überraschend zuzugreifen. Die Maus ist enorm reaktionsschnell und im Nu verschwunden, wenn der Zugriff nicht beim ersten Mal sitzt. Keineswegs ist jeder Fangversuch erfolgreich. Füchse haben ein besonders feines Gehör für Frequenzen, die entstehen, wenn kleine Tiere in der Vegetation laufen, im Laub rascheln oder an Samen und Früchten nagen. Dabei geht es auch um Frequenzbereiche, die vom menschlichen Ohr nicht wahrgenommen werden. Experimente haben gezeigt, dass der Fuchs in der Lage ist, diese Geräusch-

Große Gehöre, lange Tasthaare.

Das sind perfekte Voraussetzungen für einen begnadeten Mäusejäger. Die senkrecht stehenden Sehschlitze können bei wenig Licht stark vergrößert werden.

quellen bis auf wenige Zentimeter genau zu orten – auch unter einer Schneedecke von über einem halben Meter. Dabei bleibt der Fuchs ruhig sitzen oder stehen und dreht den Kopf, um den Schall mit der ein und der anderen großen Ohrmuschel aufzufangen. So kann er Beute fangen, die er gar nie gesehen hat.

Vergleicht man Fuchs und Katze, dann fallen Gemeinsamkeiten besonders bei den Augen auf. Beide haben eine Pupille, die sich zu einem schmalen vertikalen Sehschlitz verengen kann sowie ein besonders stark ausgeprägtes Tapetum lucidum. Das ist jene lichtreflektierende Schicht hinter der Netzhaut, die dazu dient, damit das wenige Restlicht besser ausgenützt wird. Wir erkennen sie im Licht einer Taschenlampe als grünschimmernde Flecken. Vor allem nachtaktive Tiere profitieren von diesen Restlichtverstärkern. Besonders lange Vibrissen, also Tasthaare, im Bereich der Schnauze sind ebenfalls typisch für Fuchs und Katze – kein anderer Hundeartiger hat vergleichsweise so lange

Tasthaare wie der Fuchs. Der Fuchs kann die Zehen seiner vorderen Füße teilweise einziehen, dazu sind die Sohlen großteils behaart, man nimmt an, dass dies nicht nur zum Schutz vor Kälte dient, sondern auch, damit sich der Fuchs möglichst leise anschleichen kann. Füchse haben lange, eher dünne Fangzähne. Während Hunde ihre Beute meist totschütteln, zeigen Füchse ebenso wie Katzen dieses Verhalten kaum – sie pressen die nadelspitzen Zähne in das Beutetier und zerstören damit das zentrale Nervensystem. Füchse zeigen ebenso wie Katzen das sogenannte Buckeln bei Auseinandersetzungen mit Artgenossen.

Sie zählen auch zu den wenigen Hundeartigen, die Beutetiere ebenso wie Katzen anschleichen, indem sie sich fast zur Gänze auf den Boden drücken und dabei möglichst jede Deckung ausnützen. Dazu fällt mir ein Erlebnis auf einem Auerhuhnbalzplatz ein. Es war auf dem Rosenkogel in der Steiermark, wir führten damals eine Verhaltensstudie an balzenden Auerhahnen

Anschleichen.

Füchse können Beutetiere ähnlich Katzen anschleichen. Sie nutzen dabei jede sich bietende Deckung aus.

durch. Zu diesem Zweck bauten wir uns Schirme am Balzplatz, um möglichst nahe bei den Vögeln ohne Störung protokollieren zu können. Vor mir war einer der beiden Alpha-Hahnen, umringt von fünf Hennen. Der Platz war übersichtlich, insgesamt balzten dort zehn bis zwölf Auerhahnen. Es war also etwas los auf der Arena. Alle Vögel waren am Boden. Ich gebe gern zu, dass ich sehr auf den Hahn vor mir konzentriert war, dennoch bleibt es mir bis heute ein Rätsel, wie sich der Fuchs auf diesem Balzplatz ungesehen bis auf ein oder zwei Meter an die Hühner vor mir heranschleichen konnte. Ich weiß nur, dass er am Ende wie eine lauernde Katze tief an den Boden gedrückt vor den Hühnern lag. Der Jagdversuch war letztendlich dennoch nicht erfolgreich. Die Hennen bemerkten den Fuchs gerade noch rechtzeitig und flogen alle gleichzeitig laut polternd auf. Der Rotrock nahm daraufhin erschrocken Reißaus. Erschrocken bin ich selbst auch – nur der liebestolle Auerhahn hatte nicht mit-

Maussprung.

Ein Fuchs kann eine Maus über mehrere Meter weit zielgenau orten – und das, ohne die Beute überhaupt zu sehen.

Klettermaxe.

Füchse können sogar auf Bäume klettern. Auf diesem Bild ist besonders gut zu sehen, dass die Hinterbeine deutlich länger sind als die vorderen.

bekommen, was hier tatsächlich geschehen ist und balzte nach kurzer Unterbrechung weiter.

Füchse sind auch in der Lage, auf Bäume zu klettern. Ihre Hinterbeine sind etwas länger als die vorderen, dies befähigt sie zum idealen, für den Rotfuchs so typischen Mäusesprung. Kurz und gut, der Fuchs vereinigt in sich auch viele Merkmale kleinerer Katzen, einer der maßgeblichen Gründe dafür ist wohl der, dass beide ähnliche Beutetiere jagen.

Namen und Verwandte

Wer einen zahmen Fuchs mit einem Hund spielen sieht, auf den macht der Hund einen beinahe trägen Eindruck – besonders ein großer. Der Fuchs dagegen ist agil, schnell und äußerst wendig. Zugute kommt unserem leichtfüßigen Einzelgänger dabei der lange buschige Schwanz, den er zum Gegensteuern einsetzt.

„Echte Füchse“ – 12 Arten

Bengalfuchs (auch *Indischer Fuchs*): Indien, Nepal, Pakistan und Bangladesch

Afghanfuchs: Afghanistan, Turkmenistan, Iran und Teile der Arabischen Halbinsel

Kapfuchs: südliches Afrika

Steppenfuchs (auch *Korsakfuchs*): Zentralasien

Tibetfuchs: Hochland von Tibet

Polarfuchs (auch *Eisfuchs*): nördliche Polarregion

Kitfuchs: trockene Gebiete im westlichen Nordamerika

Blassfuchs: Halbwüsten südlich der Sahara

Rüppelfuchs: Halbwüsten Nordafrikas, Arabische Halbinsel und Vorderasien

Swiftfuchs: Kurzgrasprärien in Nordamerika

Fennek (auch *Wüstenfuchs*) – Sandwüsten Nordafrikas

Rotfuchs

Die Bezeichnung „Fuchs“ stammt ursprünglich aus dem Indogermanischen und bezieht sich genau auf den dicht behaarten, buschigen Schwanz. Wenn wir hier in Mitteleuropa vom Fuchs sprechen, dann meinen wir den Rotfuchs. Für uns ist das „der Fuchs“. Der einfache Name „Fuchs“ kann jedoch leicht in die Irre führen, denn neben den Echten Füchsen – um die es hier geht – bezeichnet man auch in Südamerika lebende Echte Hunde als „Füchse“. Dazu zählen der ausgestorbene Falklandfuchs, der Andenfuchs oder die in tropischen Wäldern lebenden Kurzohrfüchse. Die Namen führen hier in die Irre, denn sie alle sind mit Wolf und Schakal viel näher verwandt als mit unserem Fuchs. Es sind Tierarten, die aussehen wie Füchse, sie haben sich in Südamerika ähnlich wie Echte Füchse entwickelt, ihre Vorfahren entspringen aber dem Stamm der Echten Hunde.

Bleiben wir beim Rotfuchs und seinen nächsten Verwandten. Wie gesagt, neben ihm gibt es noch weitere elf Arten von Echten Füchsen. Das reicht vom Polarfuchs, dessen Balg vom braunen Sommer- ins weiße Winterhaar wechselt, bis zum kleinen, nur rund 30 Zentimeter großen Fennek, dem Wüstenfuchs, dessen große Ohren rund ein Fünftel der gesamten Körperoberfläche ausmachen.

Jeder, der sich ein wenig mit Rotfüchsen auskennt, weiß, dass es viele verschiedene Farbschläge und Fellzeichnungen gibt. Der Rotfuchs kann auch alles andere als rot sein. In der Regel sind Rotfüchse weiter im Süden oder in trockeneren Lebensräumen eher fahlgelb, oft sogar graugelb, während weiter im Norden meist stärkere Farbtöne auftreten. Dazu gibt es Bezeichnungen wie „Birkfuchs“, „Kreuzfuchs“ und „Silberfuchs“. Was heißt das?

Als „Birkfuchs“ bezeichnet man einen Rotfuchs, dessen rote Leithaare am Rücken weiße Spitzen aufweisen – diese nennt man auch „Reif“. Daneben gibt es Farbvarianten, bei denen das Leithaar rote, braune oder schwarze Spitzen hat.

Farbspiele. Links der hellere Birkfuchs mit den weißen Spitzen im Leithaar; rechts der klassische „Rotfuchs“.

Der typische „Silberfuchs" ist eine melanistische Form des Rotfuchses, das heißt, eine genetische Variante, deren Fellfarbe schwarz oder tiefdunkelbraun ist. Auch hier gibt es wieder Typen mit weißen Haarspitzen. Schwarze Füchse mit Reif sind dann die typischen Silberfüchse. Es gibt aber auch rein schwarze Typen. Die Handelsbücher der kanadischen Hudson Bay Company zeigen, dass in Britisch Kolumbien im 19. Jahrhundert zeitweise mehr als 20 Prozent der abgelieferten Fuchsfelle Silberfüchse waren. Diese Farbvariante war lange Zeit sehr begehrt und ist dann mit der Zeit – zumindest nach den Aufzeichnungen der Company – stark zurückgegangen. Silberfüchse wurden bevorzugt in Pelztierfarmen gezüchtet, es gibt sie häufiger in kalten, nordischen Lebensräumen. In Europa sind sie in freier Natur sehr selten. Schätzungen gehen davon aus, dass es im äußersten Norden des Kontinents nur etwa ein Prozent Silberfüchse in den Beständen gibt. In Sibirien sowie in Alaska ist diese Farbvariante deutlich häufiger.

Eine Übergangsform zwischen Rotfuchs und Silberfuchs ist der „Kreuzfuchs". Er weist am Rücken und über die Schultern eine dunklere Färbung auf, während an den Seiten eher Rottöne überwiegen. Schwarze und rote Farbschläge können auch in ein und demselbem Wurf bei Geschwistern vorkommen.

Dunkelfärbung. Dieser Bergfuchs hat einen fast schwarzen Brustlatz. Schwarze Füchse mit Reif heißen „Silberfüchse", die im Norden Amerikas wildlebend vorkommen.

Die weiße Schwanzspitze hat nicht jeder Fuchs. Sie ist jedenfalls sicher kein Hinweis auf einen Rüden oder eine Fähe, wie oft behauptet.

Daneben gibt es selten auch weiße Rotfüchse oder Füchse mit weißen Flecken – sowohl Albinos als auch Nicht-Albinos.

Eine Bezeichnung, die auch immer wieder auftaucht und die ebenfalls mit dem Haar in Verbindung steht, ist der „Samsonfuchs“. Dabei geht es jedoch nicht um die Fellfärbung, sondern um die Art der Haare. Samsonfüchse haben keine Leithaare, ihr Unterhaar ist dicht gekräuselt, was dem Fuchs ein wolliges Aussehen gibt. Zurückzuführen ist das wieder auf verändertes Erbgut. Diese Mutation gibt es nicht nur bei Rotfüchsen, sondern auch beim Polarfuchs und bei Graufüchsen.

Neben den vielen verschiedenen Farbschlägen variiert natürlich auch die Länge des Haars. Alles zusammen ebenso wie die unterschiedliche Körpergröße der Füchse in dem riesigen Verbreitungsgebiet hat immer wieder dazu geführt, dass man oft glaubte, neue Arten vor sich zu haben. Zusammengefasst werden heute dennoch alle unter einer einzigen Art – dem Rotfuchs. Insgesamt unterscheidet man aber derzeit bei dieser Tierart 48 (!) verschiedene Unterarten. Das ist wieder eine Besonderheit beim Rotfuchs, die mit der weiten Verbreitung und der Anpassung dieser Unterarten an die vielen verschiedenen Lebensräume zusammenhängt.

KURZ & BÜNDIG

- Der Rotfuchs gehört zum Stamm der Echten Füchse, zu dem 12 verschiedene Fuchsarten zählen.
- Die ersten Füchse gab es in Nordamerika vor 9 Millionen Jahren, die ersten Rotfüchse in Eurasien vor 2,5 Millionen Jahren.

Zweites Kapitel:

Verbreitung und Lebensraum: Überall daheim, am liebsten in unserer Kulturlandschaft

Zunächst, Rotfüchse leben heute rund um die gesamte Nordhalbkugel sowie in Australien und auf den Falkland-Inseln. Die Briten waren und sind wohl immer noch begeisterte Fuchsjäger. Das war ein Grund, warum sie mehrfach Füchse in ihren Überseekolonien ausgesetzt haben. Frühe englische Siedler haben europäische Füchse auch nach Nordamerika gebracht, weshalb man im Osten der USA nicht ganz einig über den Status einiger Vorkommen ist. Verschiedene Rotfuchs-Unterarten zählen dort ja ebenfalls zur natürlichen heimischen Tierwelt.

In Eurasien scheint heute die Winterstrenge ein Verbreitungshindernis nach Norden darzustellen. Im hohen Norden tritt der Polarfuchs an die Stelle des Rotfuchses. Wo die zwei Arten aufeinandertreffen, verdrängt der Rotfuchs den Polarfuchs. Es ist also davon auszugehen, dass die Polarfüchse mit zunehmender Klimaerwärmung gegenüber dem Rotfuchs an Terrain verlieren werden.

Das Verbreitungsgebiet des Rotfuchses zieht sich in einem breiten Gürtel von den Britischen Inseln und Mitteleuropa über den gesamten Mittelmeerraum, also einschließlich Nordafrika, die Türkei und Israel bis in den Irak und auf die Arabische Halbinsel, von dort weiter nach Osten über den Iran und Pakistan bis nach Nordindien. Im Norden reicht das Vorkommen von Skandinavien über Russland bis nach China, Thailand und Japan. Mit Ausnahme von Florida, den Great Plains und Prärien sowie der Wüsten in Texas, Arizona und im südlichen Kalifornien besiedelt der Rotfuchs in zwölf Unterarten den größten

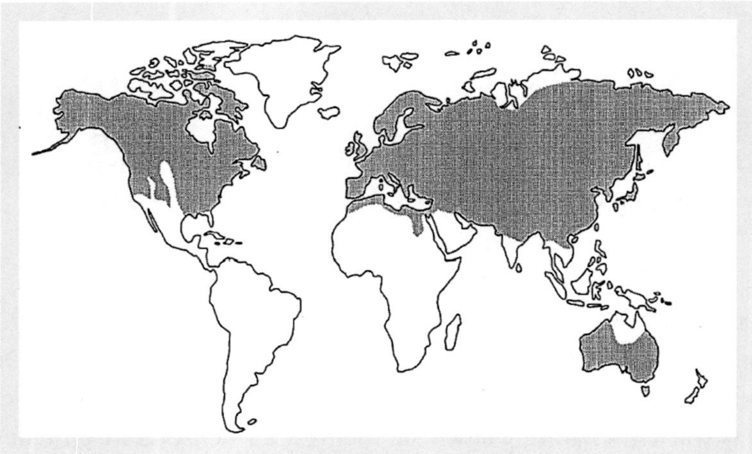

Verbreitungsgebiet des Rotfuchses.

Von Alaska bis Australien – die vielen Unterarten des Rotfuchses besiedeln 70 Prozent der Landfläche der gesamten Nordhalbkugel.

Teil der Vereinigten Staaten, ebenso Kanada und Alaska. Unser Fuchs fehlt auf Grönland und Island.

Auch wenn uns Zahlen dieser Größenordnung nur mehr bedingt etwas sagen: Man schätzt, dass sich das Verbreitungsgebiet der Rotfüchse heute über eine Fläche von rund 70 Millionen Quadratkilometern ausdehnt. Das umfasst etwa 70 Prozent (!) der Landfläche der gesamten Nordhalbkugel. Das sind Superlative, mit denen kaum ein anderes Säugetier mithalten kann.

Wie gesagt, Rotfüchse kommen mit fast allen Lebensräumen zurecht. Voraussetzung dafür sind zwei Faktoren: ausreichend Nahrung und geeignete Plätze, um die Jungen aufzuziehen. Das Nahrungsspektrum von Füchsen ist extrem vielfältig – wir werden noch sehen, welch unglaubliche Bandbreite genutzt wird. Nur dadurch kann er vom subarktischen Ödland bis zu Halbwüsten in unterschiedlichsten Gebieten überleben. Ein Fuchs findet also fast immer etwas, von dem er sich ernähren kann, und um die Jungen sicher zur Welt zu bringen, muss auch kein Fuchsbau zwischen den Wurzelausläufern eines uralten Baumes herhalten, es reicht ein Betonrohr unter einer Garage ebenso wie eine Lücke unter dem Geräteschuppen im Hinterhof. Doch zu den Bauen später. Tatsache ist dennoch: Rotfüchse bevorzugen besonders abwechslungsreiche, vielfältige Lebensräume. Flache, monotone Landschaften ohne Struktur sagen ihnen am wenigsten zu. Warum?

Wer den Zusammenhang zwischen Landschaftsvielfalt und Lebensraumqualität für den Fuchs verstehen will, der tut sich leicht, wenn er einen ursprünglichen Fuchslebensraum mit jenem in unserer mitteleuropäischen Kulturlandschaft vergleicht. Kommen wir also zurück zu J. David Henry und gehen in den Prince Albert Nationalpark in der Mitte der kanadischen Provinz Saskatchewan. In dem Schutzgebiet hat der Mensch bis heute wenig verändert, wir finden einen noch weitgehend natürlichen Fuchslebensraum im Süden der borealen Nadelwälder unweit der offenen Prärien vor – also genau im Übergangsbereich zwischen den riesigen nordischen Wäldern und ausgedehnten Grasländern. In einem Teil des Parks lebt auch heute noch eine Herde Präriebisons, unzählige Wasserläufe, viele kleine

Ursprünglicher Fuchslebensraum in Kanada.
Viel Struktur im nordischen Wald (Prince Albert Nationalpark).

Seen, Biberwiesen, Schwingelrasen, Altholzinseln, Pappelwälder, Moore und Sümpfe bilden hier ein abwechslungsreiches Mosaik. Fest steht jedenfalls: Das ist kein geschlossenes Waldgebiet, sondern ein Gemisch aus Wald und Offenflächen mit enorm vielen Randlinien, welches Lebensräume für eine vielfältige Tier- und Pflanzenwelt bietet. Das reicht vom Bison über Elch, Wapiti, Waldkaribu und Weißwedelhirsch bis hin zu Biber, Bisamratte, Eichhörnchen, Backenhörnchen und verschiedene Wald- und Wühlmausarten. Es gibt Kragenhühner ebenso wie Fichtenhühner, daneben eine reiche Amphibienwelt und natürlich auch Waldfrüchte und Beeren. Wer einen Blick auf das Satellitenbild dieser Region wirft, der bekommt einen Eindruck davon, wie vielfältig die Landschaft ist. Für den Fuchs bedeutet das: Hier gibt's zu jeder Jahreszeit etwas, angefangen von den Resten eines Wolfsrisses bis hin zu laichenden Fröschen oder Gelegen von Waldhühnern. Der Fuchs bevorzugt kleine Beutetiere. Davon gibt es dort nicht nur viele verschiedene Arten, insgesamt sind sie auch häufig – besonders im Vergleich mit der Wilddichte großer Beutetiere. Um ihren Nahrungsbedarf über ein Jahr abzudecken, braucht eine Fuchsfamilie in dieser Gegend etwa 500 bis 800 Hektar.

Vergleicht man den Fuchslebensraum mitten in Kanada mit einer mitteleuropäischen Kulturlandschaft, dann zeigt sich, dass der Mensch hier bei uns ebenfalls ein sehr abwechslungsreiches Lebensraummosaik mit vielfältigem Nahrungsangebot geschaffen hat. Auch wenn wir heute immer mehr an Vielfalt verlieren, das Angebot für den Rotfuchs bleibt dennoch groß. Wobei wiederum gilt: Zu jeder Jahreszeit sollte etwas da sein. Dem Fuchs kommt dabei zugute, dass er wirklich nicht wählerisch ist und dass in seinem Fall die Grenzen zwischen Raubtier und Allesfresser keineswegs exakt abgesteckt sind. Ob Regenwürmer in einer schwülen Sommernacht, Kirschen, Äpfel, Pflaumen aus Nachbars Garten, Brombeeren und Haselnüsse von Hecken, Straßenfallwild, ausgemähte Mausnester, Abfälle von Kompost-

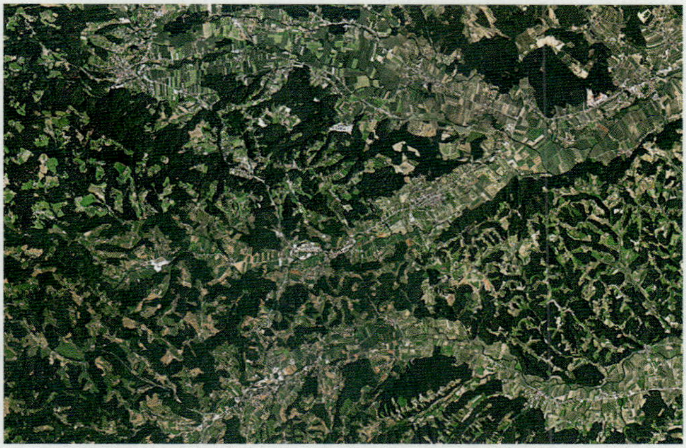

Kulturlandschaft in der Weststeiermark.
Auch hier ein reichhaltiger Fuchslebensraum mit viel Abwechslung in der Landschaft.

haufen, Mais oder Mäuse rund um Winterfütterungen, Gelege von Bodenbrütern, Ratten am Rande einer Mülldeponie, das ein oder andere Rehkitz, da und dort ein Huhn, oder einfach ein übervoller Mistkübel, der noch allerhand Verwertbares enthält – kurz, die Kulturlandschaft bietet eine enorme Palette auf kleiner Fläche, weshalb auch die Territorien viel kleiner sein können, womit die Fuchsdichten insgesamt zunehmen. Eine Fuchsfamilie kommt im englischen Farmland auch mit 100 Hektar leicht zurande, in manchen Städten ist der Flächenanspruch noch sehr viel geringer.

Wir Menschen haben weite Teile der Landschaft fuchsgerecht gestaltet, indem wir in Mitteleuropa ähnlich wie in der kanadischen Beispielsregion ein Mosaik von Wald und Offenflächen erzeugt haben. Man nimmt an, dass die Lebensbedingungen vieler der heute bei uns heimischen Wildarten im Zuge von Rodung und Kultivierung deutlich verbessert wurden – eine Reihe von Arten ist sicher erst als Folge unserer Landnutzung in Teile Mitteleuropas eingewandert. Schätzungen gehen davon aus, dass dies insgesamt etwa 30 bis 40 Prozent der heimischen Wildtiere betrifft. Die Artenvielfalt erreichte zur Zeit der Dreifelderwirtschaft während der vorindustriellen Landnutzung wahrscheinlich ein Maximum im kleinräumigen Mosaik aus Kultur- und Naturland. Um es noch einmal zu betonen: Es war dieser Mix aus Kultur- und Naturland, der enorm abwechslungs- und vor allem artenreiche Lebensräume geschaffen hat. Hamster, Feldhase, Rebhuhn, Wachtel, Kiebitz, Brachvogel, Bekassine, Birkhuhn, Waldschnepfe, Haselhuhn und Steinhuhn sind nur einige Beispiele aus einer langen Reihe von Nutznießern. Bezogen auf Kleinsäuger, Vögel, Insekten oder Bodenpflanzen waren diese Lebensräume jedenfalls produktiver als die reine Waldwildnis. Für einen Generalisten wie den Rotfuchs gab es hier also ideale Lebens- und Nahrungsbedingungen. Dennoch erklärt dies allein noch nicht Aufstieg und Ausbreitung dieser Raubwildart. Da kommt noch ein ganz wichtiger Faktor dazu.

Mit der zunehmenden Besiedlung und Kultivierung wurden größere Raubtiere wie Wolf, Luchs und Bär verdrängt oder ausgerottet. Damit haben wir die Konkurrenz für den Fuchs und andere kleinere Raubwildarten aus dem Weg geräumt. Mehr dazu in einem späteren Kapitel. Für den Fuchs wurden demnach die Lebensbedingungen verbessert und die Konkurrenten ausgeschaltet! Über lange Zeit hat zwar auch der Mensch selbst den Füchsen stark nachgestellt und damit die Bestände niedrig gehalten. Gegen Ende der Nachkriegsjahre und mit Änderung der Landnutzung hat dieser Druck aber nachgelassen. Zudem wurde dann in Mitteleuropa auch noch die Tollwutbekämpfung intensiviert, sodass damit zusätzlich ein bedeutender bestandesregulierender Faktor wegfiel – womit nun jedoch die Bestandesdynamik erläutert wird. Bleiben wir vorerst beim Lebensraum.

Nachdem jetzt zwei Beispiele für bevorzugte Fuchslebensräume dargestellt wurden, geht es auch darum, die Bandbreite an Lebensräumen etwas zu durchleuchten. Der Rotfuchs lebt in geschlossenen Wäldern ebenso wie im Moorland, in Dünen-

Lebensraum Wirtschaftswald.
Jungwuchsflächen bieten eine Vielfalt an Mäusen, Beeren, Insekten, Bodenbrütern und anderes mehr.

landschaften entlang von Küsten oder im Gebirge oberhalb der Waldgrenze. Ein wesentlicher Unterschied zum Kulturland und zu Lebensräumen in Dörfern und Städten ist, dass es in naturnahen Landschaften in der Regel weniger Nahrungsangebot gibt und dass dieses Angebot viel stärker saisonal variiert. Dies bedingt, dass die Streifgebiete größer und die Bestandesdichten geringer sind. Wie gesagt, Kahlschlag, Rodung und landwirtschaftliche Nutzung haben dazu geführt, dass wir ideale Lebensräume für Füchse geschaffen haben. Dazu kam in vielen Regionen ein Zusatzangebot von Niederwild – teils mit eingebürgerten Arten wie Kaninchen und Fasan – mancherorts war und ist auch Hausgeflügel zur Zeit der Jungenaufzucht nicht ganz unerheblich. Beinahe konstantes Nahrungsangebot finden Füchse heute im Siedlungsraum. Das heißt, mit zunehmender Zersiedlung wurde in Mitteleuropa das Nahrungsangebot für diese Wildart großflächig erweitert. Wurde zunächst in der landwirtschaftlich geprägten Kulturlandschaft die Artenvielfalt und damit auch das Beutespektrum breiter, so hat danach durch die stetige Ausweitung der Siedlungsgebiete das Angebot an Abfall laufend zugenommen. Vieles davon ist für Füchse gut verwertbar. Ein anpassungsfähiges, omnivores kleines Raubtier, das sowohl vom Jagen als auch vom Sammeln lebt, kommt jedenfalls in diesen Lebensräumen gut zurecht. Zusammengenommen beeinflussen diese Entwicklungen die Dynamik der Rotfuchsbestände in Eurasien und Nordamerika stark.

In Altersklassenwäldern werden Kahlschläge und Jungwuchsflächen gerne genutzt, ebenso wie Althölzer. Das sind auch die artenreichsten Altersklassen in unseren Wirtschaftswäldern. In Dickungen und Stangenhölzern ist die Artenzahl und daher auch das Beuteangebot am geringsten, dort findet man am ehesten Fuchsbaue, oder der Fuchs nutzt sie als Tagesruheplätze. Verbunden ist das in unseren Wirtschaftswäldern heute durch

Aussichtswarte.

Kahlschläge, Jungwuchsflächen und Althölzer beherbergen die meiste Nahrung für den Fuchs. Dickungen und Stangenhölzer sind eher Tagesruheplätze.

ein dichtes Forstwegenetz, welches ein rasches Fortkommen sehr erleichtert. Werden sie nicht zu streng bejagt, verschlafen Füchse den Tag besonders gern in lockeren Althölzern – ideal wären dabei noch Steilstufen, Hangkanten oder Felsblöcke im Gelände, von wo aus die Übersicht gut ist. Nachtsüber wird dann in den angrenzenden offenen Feldern oder am Talboden gejagt und nach Beute gesucht. Allgemein wird die Größe von Streifgebieten stark durch die Entfernung zwischen Tagesruheplätzen und jenen Jagdgebieten bestimmt. Gerade im Kulturland liegen die Ruheplätze oft im Wald oder in Waldinseln, den weit überwiegenden Teil des Nahrungsangebotes findet der Fuchs bei uns aber im Siedlungsraum, das heißt, in Dörfern, Gärten, in der Nähe von Gehöften oder ganz einfach in der Feldflur. Das Nahrungsangebot allein bestimmt also nicht die Größe des Streifgebietes…

Dort, wo Menschen Füchse nicht tolerieren, kann es vorkommen, dass sich Wurfbaue oder sichere Tagesruheplätze oft weit entfernt von jenen Bezirken befinden, wo nachtsüber gejagt und gesammelt wird. Hier pendelt der Fuchs also gleichsam zwischen „Arbeitsplatz" und daheim – womit natürlich die Größe des Streifgebietes zunimmt. In Städten, wo Füchse nicht verfolgt, sondern oft sogar noch zusätzlich mit Futter versorgt werden, finden wir insgesamt die kleinsten Streifgebiete und folglich auch die höchsten Dichten. Ganz ähnliche Muster gibt es aber auch in weitgehend unberührter Natur, wo neben dem Fuchs noch andere Raubtiere vorkommen. Untersuchungen aus dem Yellowstone Nationalpark zeigen, dass Rotfüchse Bereiche meiden, die von Kojoten bevorzugt werden, und dass sie je nach Jahreszeit, Deckungsangebot und Schneelage jene Gebiete aufsuchen, die ihnen Schutz vor Kojoten bieten. Der Kojote zählt in Nordamerika zu den Feinden des Rotfuchses. Gänzlich freie Lebensraumwahl hat also auch ein anpassungsfähiges, opportunistisches, kleineres Raubtier in freier Wildnis nicht, wenn Konkurrenz vorhanden ist.

Deckung überall.

Es kommt nicht nur auf das Nahrungsangebot an. Sicherheit ist ein mindestens ebenso bedeutender Faktor.

Damit wird deutlich: Das Nahrungsangebot allein ist nicht entscheidend, Sicherheit ist ein mindestens ebenso wichtiger Faktor.

Streifgebiete und Wilddichten

Studien über Lebensraumnutzung, Streifgebietsgröße und Wilddichten beim Rotfuchs gibt es seit den 1960er-Jahren, und sicher haben sich schon davor Biologen mit diesen Fragen befasst. Wenn hier also Ergebnisse miteinander verglichen werden, dann ist offensichtlich, dass über die Jahrzehnte mit unterschiedlichen Methoden gearbeitet wurde. Der eine ist Füchsen bei Spurschnee gefolgt, der andere hat mit Hilfe modernster Telemetrie Streifgebiete ermittelt. Es hat daher wenig Sinn, wenn Angaben auf einzelne Meter oder Zehntelhektar genau gemacht werden. Von Bedeutung ist vielmehr, dass hier Größenordnungen erkennbar werden. Wie gesagt, die Grundlagen wurden über einen langen Zeitraum zusammengetragen, und auf verschiedene Art und Weise ermittelt. Beginnen möchte ich mit einer neueren Studie aus Deutschland, weil sie Ergebnisse für das mitteleuropäische Kulturland zu Tage bringt, welche derzeit sicher auf viele Gebiete zutreffen.

Dorffüchse und Landstreicher

Christof Janko, Wildbiologe an der Technischen Universität München, beschäftigt sich seit Jahren mit Füchsen. Er hat deren Verhalten im Umfeld von Dörfern und Kleinstädten in Bayern und Baden-Württemberg untersucht. Im Durchschnitt waren dort die Streifgebiete nur 75 Hektar groß. Die Schwankungsbreite liegt allerdings zwischen knapp 40 und 150 Hektar. Janko hat dabei keine Unterschiede zwischen Rüden und Fähen festgestellt, wohl aber zwischen Jungfüchsen und erwachsenen.

Im Morgennebel am Rande des Dorfes.

In der Nähe von Gehöften findet der Fuchs immer etwas. Rotfüchse können sich mit der menschlichen Landnutzung gut arrangieren.

Erwachsene Füchse haben mit durchschnittlich 96 Hektar deutlich größere Gebiete genutzt als diesjährige Jungfüchse, die im Schnitt nur 35 Hektar große Streifgebiete hatten. Die von Janko telemetrierten Füchse bewegten sich knapp zwei Drittel ihrer aktiven Zeit in Wäldern, Grünland oder Acker- und Schilfflächen, rund ein Viertel ihrer aktiven Zeit verbrachten sie innerhalb des Siedlungsraumes. Dort haben sie die Randzonen ganz deutlich bevorzugt. Bis ins Zentrum der Ortschaften sind die Tiere dabei nur selten vorgedrungen. Ein Grund dafür kann sein, dass Ortszentren meist stärker verbaut sind. Füchse mit kleinen Streifgebieten lebten bevorzugt im Übergangsbereich zwischen Stadt und Land – also in der Randzone. Andere Füchse pendelten vom Offenland in die Ortschaften ein und nutzten dort ganz gezielt einige wenige Grundstücke.

Die Analysen zeigen eines: Je intensiver ein Fuchs die Siedlung nutzt, desto kleiner ist sein Streifgebiet. Deckungsreiche Gärten mit Bäumen und Büschen werden dabei eindeutig bevorzugt. Komposthaufen mit Küchenabfällen waren wichtige

Blick ins Tal.

Hundert Meter oberhalb vom Talboden liegt der Bau, weil es hier ruhig und sicher ist. Die Jagdgründe sind unten im Siedlungsbereich, der in wenigen Minuten zu erreichen ist.

Nahrungsquellen. Auch Beeren waren von Bedeutung, sie sind in zwei Drittel der „Fuchsgärten“ vorgekommen; dazu kommt auch noch Fallobst. In den meisten Fuchsgärten gab es jedenfalls mehrere Nahrungsquellen. Janko hat herausgefunden, dass ein Garten mit mehr als drei Nahrungsquellen für die Füchse besonders interessant wird; zu Obst und Kompost mit und ohne Küchenabfällen kommen auch noch Futterstellen für Haustiere oder Vögel, Gemüse und die ein oder andere offene Mülltonne. Wo Füchse aktiv von Menschen gefüttert werden, sind diese Futterplätze wahre Magneten, die von verschiedenen Füchsen besucht werden.

Was britische ebenso wie Schweizer Forscher also bereits vor Jahrzehnten belegten, konnte Janko nun auch für Deutschland bestätigen: Die höchsten Fuchsdichten gibt es heute in Städten. Mittlerweile untermauern dies Berichte aus vielen Ländern. Geht man von der Stadt aufs Land, dann werden die Dichten vom Dorf und dessen Umfeld über Feldreviere zu den Lebensräumen im Wald und am Berg geringer. Einer der Hauptfaktoren ist dabei das Nahrungsangebot. Sehen wir uns also ein paar Vergleichsstudien an, um einen Eindruck von den Raumansprüchen von Rotfüchsen in verschiedenen Lebensräumen zu erhalten. Sie zeigen wieder einmal, wie anpassungsfähig und flexibel dieses Raubtier auch im Hinblick auf die Größe der benötigten Streifgebiete ist.

In einer extensiv bewirtschafteten Region Zentralpolens mit Wald und kleinen Feldern wurden die Territorien von vier Fuchsfamilien in vier aufeinanderfolgenden Wintern durch Ausfährten bei Spurschnee bestimmt. Die berechnete Gesamtgröße der einzelnen Territorien über alle vier Winter lag im Durchschnitt zwischen 500 und 650 Hektar. Die Reviere verschiedener Familien überlappten teilweise. Die Studie stammt aus den 1980er-Jahren. Im Gegensatz zu den Ergebnissen von Janko weisen die Polen damals noch darauf hin, dass die polnischen

Dörfer strikte, unüberwindbare Territoriumsgrenzen darstellten! Ein Dorf war damals in dem Untersuchungsgebiet in Polen eine unüberwindbare Barriere. Losungsanalysen zeigen auch, dass Abfälle im Nahrungsspektrum keine Rolle gespielt haben. Diese Füchse waren Freibeuter in Wald und Flur, und sie wurden vom Menschen stark bejagt. Das Raumnutzungsmuster im Winter war dennoch über die Jahre stabil. Die Polen gehen deshalb davon aus, dass trotz intensiver Jagd keine der Fuchsfamilien in dieser Zeit völlig ausgelöscht wurde. Dazu möchte ich ergänzen, dass auch Felix Labhardt, der im Saarland über Rotfüchse gearbeitet hat, ebenfalls in den 1980er-Jahren noch festgestellt hat, dass die von ihm telemetrierten Füchse nur bis zum Rand von Siedlungen gegangen sind, diese aber nicht durchquert haben.

Ein Vergleich der aktuellen deutschen Untersuchungen mit den Studien aus Polen und dem Saarland vor rund dreißig Jahren führt die Entwicklung in Zentraleuropa vor Augen: Zunächst ist dabei festzustellen, dass sich die Siedlungsstruktur in vielen Regionen stark verändert hat. Der ehemals geschlossene Dorfcharakter ist heute kaum noch wo zu finden, hingegen brei-

Siedlung, Verkehrswege und Grünland.

In Mitteleuropa wachsen die Siedlungen immer weiter ins Land hinaus. Gejagt wird hier nicht mehr, für den Fuchs entstehen damit ideale Lebensräume.

Auf der Jagd.
Im Wald liegen die Tagesruheplätze, im offenen Kulturland die Jagdgründe mit reichem Beuteangebot.

ten sich Siedlungen, Industrie- und Gewerbeparks immer weiter in zuvor landwirtschaftlich genutzten Gebiete aus. Damit entstehen auf großer Fläche genau jene Übergangszonen zwischen unterschiedlichen Lebensräumen, welche dem Fuchs so sehr zusagen. Hinzu kommen weitere wichtige Faktoren: In diesen erweiterten Siedlungsgebieten ruht in aller Regel die Jagd. Das heißt, für den Fuchs fällt damit ein letzter, ehemals wichtiger Einflussfaktor aus: Wenn über die Jagd schon nicht reguliert wurde, so stand in Zusammenhang damit dennoch der Faktor „Sicherheit". Zusätzlich ist das Nahrungsangebot in diesen neuen Lebensräumen hoch – wir leben in einer Zeit, wo Nahrungsmittel, die früher im bäuerlichen Betrieb vielleicht noch als Futter für Tiere verwendet wurden, am Kompost entsorgt werden, und wo Obst und Früchte aus unseren Gärten auch nicht mehr vollständig geerntet und verwertet werden müssen. All das kommt dem Fuchs zugute.

Bergfüchse

Eine Studie über Bergfüchse in Kalifornien belegt altbekannte Muster, die jedem Bergjäger vertraut sind: Bergfüchse nutzen große Streifgebiete. Im Sommer waren das in Kalifornien rund 2.500 Hektar, im Winter etwa 3.200 Hektar. Die Sierra Nevada, der gut 600 Kilometer lange Gebirgszug im Westen der USA, beherbergt eine der zwölf Rotfuchsunterarten des Kontinents, *Vulpes vulpes necator*. Die Unterart wird auch „Sierra-Nevada-Rotfuchs" genannt.

Das Besondere dabei ist: Sierra-Nevada-Rotfüchse zählen zu den stark bedrohten Unterarten. Sie sind kleiner als durchschnittliche nordamerikanische Füchse – was eigentlich gegen die Bergmannn'sche Regel spricht. Man nimmt jedoch an, dass die Körpergröße hier eine Anpassung an das geringe Beuteangebot in großen Höhen darstellt. Zudem könnte ein geringes Körpergewicht auch ein Vorteil für den Fuchs bei den hier oft extrem hohen Schneelagen sein. Kennzeichnend für die Sierra-Nevada-Füchse sind neben der geringen Körpergröße auch das auffallend lange, dichte Winterhaar und die völlig behaarten Zehenballen.

Diese Füchse sind auf mehrere kleine, voneinander isolierte Vorkommen verteilt. Wahrscheinlich sind eben diese verinselten Bestände mit den geringen Dichten, der Klimawandel sowie die Konkurrenz und Verfolgung durch Kojoten bedeutende Rückgangsursachen. Irgendwie tauchen dabei Parallelen zur Entwicklungsgeschichte der Hundeartigen auf.

Eine weitere Bestätigung für die großen Streifgebiete der Bergfüchse liefert auch eine Studie aus Britisch Kolumbien. Dort hat man ebenfalls im alpinen und subalpinen Gelände Streifgebiete bis weit über 3.000 Hektar ermittelt. Im Durchschnitt waren es 1.600 Hektar. Dabei weisen die Autoren in Nordamerika immer wieder auf die Konkurrenz zu anderen Raubsäugern hin – ein Einflussfaktor, den wir in Mitteleuropa heute nicht mehr kennen. In erster Linie geht es dabei in Nordamerika um Kojoten. Die Rotfüchse in Britisch Kolumbien haben völlig offene Gebiete eher gemieden und Flächen mit Weidengebüsch, die mehr Deckung bieten, eindeutig bevorzugt.

Eine Studie über Bergfüchse möchte ich hier noch anführen. Diesmal aus Europa, und zwar aus einem engen, hochalpinen Seitental im Gran Paradiso Nationalpark in Italien. Ich denke, die Ergebnisse sind vor allem ganz gut auf die steilen Trogtäler in den Hohen Tauern übertragbar, sie geben uns damit ein wenig Einblick in die Welt der hiesigen Bergfüchse. Die Italiener schließen aus ihren Untersuchungen, dass die Verteilung der Nahrung sowie Störungen durch den Menschen dort die Raumnutzung der Bergfüchse bestimmt.

Die Gran-Paradiso-Füchse bevorzugen einen schmalen Streifen zwischen Talböden und Hochweiden für ihre Baue und Tagesruheplätze. Dieser Streifen reicht von etwa 1.800 bis 2.100

Bergfuchs auf 2.200 Meter Seehöhe.

Man hat in den Hohen Tauern aber auch schon Füchse beobachtet, die sich oberhalb von 2.700 Metern Seehöhe aufhielten.

Meter Seehöhe, liegt also wieder einmal in einer Übergangszone, diesmal im Waldgrenzbereich. Es ist jene Region, wo es nach Auskunft der Italiener die wenigsten Störungen gibt. Von diesen steilen, teils bewaldeten, teils felsdurchsetzten Hängen aus unternehmen die Bergfüchse ihre täglichen Streifzüge in die Hochlagen und in die Täler. Man ist also schnell oben über der Waldgrenze oder unten im Hochtal. Die Nutzung erfolgt durch ein und dieselben Füchse je nach Jahreszeit und Nahrungsangebot unterschiedlich. Im Tal sind vor allem Beeren und Fallwild zu finden, oben über der Waldgrenze gibt es Murmeltiere, Schneemäuse und im Spätsommer auch Insekten wie etwa Heuschrecken. Der Jahreszyklus wird bestimmt durch den Beginn der Touristensaison – womit die Störungen am Talboden zunehmen –, durch Schneelage, Lawinen und Winterfallwild sowie durch Anfang und Ende des Winterschlafs der Murmeltiere. Dazu kommt auch noch, dass im Winter aufgrund von Inversionswetterlagen die Temperaturen im Waldgrenzbereich oft deutlich über jenen am Talboden liegen.

Insgesamt erstreckte sich das Untersuchungsgebiet der Italiener von rund 1.500 Meter bis auf etwa 3.000 Meter Seehöhe. Die Füchse waren zwischen 1.500 und 2.300 Meter unterwegs. Während die Tagesruheplätze exklusiv genutzt wurden – hier gab es keine Überlappungen –, haben sich die Streifgebiete am Talboden und in den Hochlagen zum Teil deutlich überlappt. Die Nationalparkforscher führen dies zum einen auf das teilweise extrem steile und felsdurchsetzte Geländerelief zurück, gleichzeitig aber auch auf das oft konzentrierte Nahrungsangebot, das es gibt, wenn ein Stück Schalenwild verhungert oder aus einem Lawinenkegel ausapert. Im Spätwinter zählt Fallwild zu den wichtigen Nahrungsquellen am Berg, und diese werden von mehreren Füchsen gleichzeitig genutzt. Allem Anschein nach verteidigen Bergfüchse, die ausgedehnte Gebiete nutzen, also keine Territorien, aber sie nutzen die Bereiche rund um ihre Tagesruheplätze exklusiv.

Drei Größenkategorien

Teilt man die Streifgebiete nach Größen in drei Gruppen, dann ergeben sich dabei deutliche Zusammenhänge mit unterschiedlichen Lebensräumen. Wie gesagt, die kleinsten Territorien findet man in Städten, im Randbereich von Dörfern und Städten, in Gebieten, in denen Gärten mit Äckern wechseln, oder auch in fruchtbaren, kleinstrukturierten Ackerbaugebieten. Die meisten dieser Fuchsreviere sind kleiner als 100 Hektar.

Mittelgroße Reviere von 100 bis 500 Hektar gibt es zwar ebenfalls noch im Randbereich von Siedlungen, größtenteils liegen sie aber in ländlichen Gebieten, wo heute meist Grünlandwirtschaft dominiert. Untersuchungen in holländischen und dänischen Marsch- und Dünenlandschaften, ebenso wie in der südlichen Toskana mit Buschwald, Wiesen und Kiefernwäldern oder im Donana-Delta, einem großen Feuchtgebiet im Süden Spaniens, belegen für diese Regionen ebenfalls Fuchsterritorien, die in die mittlere Größenordnung fallen.

Belege für große Streifgebiete mit über 500 Hektar gibt es dann aus ländlichen Gebieten der USA und aus Kanada, ebenso wie aus den borealen Nadelwäldern Schwedens und Finnlands, oder aus dem Bergland von Cumbria im Nordwesten Englands und den erwähnten Berggebieten in Nordamerika. Generell sind die Streifgebiete nordamerikanischer Füchse größer als jene der europäischen. Das hängt wahrscheinlich stark mit der großflächigen, intensiven Landwirtschaft im Norden Amerikas zusammen.

Ganz besonders große Streifgebiete werden für Fuchslebensräume in Tundra und Bergtundra angegeben; dabei wird sogar von Flächen deutlich über 4.000 Hektar berichtet. Die größte Flächenangabe für ein von einem Rotfuchs durchstreiftes Gebiet stammt von einem der bekanntesten Fuchsforscher – und sie bezieht sich auf einen Lebensraum, den kaum jemand in Mitteleuropa vor Augen hat, wenn er an Rotfüchse denkt. David Macdonald gibt für einen Fuchs in den Wüstengebieten des Oman ein Streifgebiet von 5.000 Hektar (!) an.

Fest steht: Generell bevorzugen Rotfüchse abwechslungsreiche Lebensräume. Da sie jedoch nicht an einen bestimmten Lebensraumtyp gebunden sind, gleichen sie unterschiedliche Lebensraumqualität über die Fläche aus. Entscheidend sind jedenfalls das Angebot an Nahrung sowie ungestörte Tagesruheplätze und die Möglichkeit, Baue anzulegen, um die Jungen aufzuziehen – zumindest nicht ganz aus den Augen verlieren sollte man dabei aber auch die Konkurrenz durch anderes Raubwild.

Tages- und Wanderstrecken

Wer sich je die Mühe gemacht hat, einer Fuchsspur im Winter über längere Zeit zu folgen, der wundert sich, welche Strecken dabei zurückgelegt werden. Am einfachsten wird dies ersichtlich, wenn der Fuchs einer Langlaufloipe folgt oder die Schispuren von Tourengehern nutzt. Ich konnte Fuchsspuren folgen, die von einem Tal über eine Gebirgsgruppe ins Nachbartal führten – Bergfüchse sind Weitwanderer.

Ob beim Jagen, bei der Suche nach Partnern oder beim Markieren der Reviere, Schweizer Forscher haben im Jura ermittelt, dass die Füchse dort im Durchschnitt zwischen 4 und 12 Kilometer täglich zurücklegen, unabhängig von der Größe des gesamten Streifgebietes. Die erwähnte polnische Studie aus den 1980er-Jahren zeigt, dass dort Füchse im Winter im Durchschnitt knapp 14 Kilometer täglich zurückgelegt haben. Wie gesagt, die Polen haben dabei ohne Telemetrie gearbeitet, sie sind den Tieren bei gutem Spurschnee gefolgt – was vielleicht ein etwas genaueres Bild ergibt. Da Füchse bevorzugt nachtaktiv sind, beziehen sich diese Streckenangaben hauptsächlich auf die Nachtstunden. Im Gran Paradiso Nationalpark haben die Fuchsforscher zwar auch versucht, den Spuren im Winter bei guten

Schneeverhältnissen zu folgen, aber nach 4 bis 5 Kilometern haben sie diese in den felsigen, teils lawinengefährdeten Hängen verloren.

Während im Winter oft der Eindruck entsteht, der Fuchs würde zielgerichtet von einem Punkt zum nächsten steuern – hier ein Bauernhof mit einem vielversprechenden Misthaufen, dort ein Luderplatz –, hat es im Sommer viel eher den Anschein, als würde das Gelände sehr intensiv und oft kleinräumig durchstreift. Tatsächlich gibt es ja in jedem Revier „Ertrag bringende", interessante Kernzonen, wo der Lebensraum meist besonders vielfältig und abwechslungsreich ist, und daneben hat auch jedes Revier seine toten Ecken, wo nicht viel zu holen ist – jeder Jäger kennt das. Abgesehen von Plätzen mit konzentriertem Nahrungsangebot, die bevorzugt angepeilt werden, oder außergewöhnlichen Schneelagen, die ein Fortkommen erschweren, stellten die Schweizer durch ihr Telemetrieprojekt im Jura jedoch fest, dass die Füchse regelmäßig durch ihr gesamtes Gebiet gestreift sind, ohne dass dabei ein bestimmtes Muster erkennbar war.

Was trifft hier also zu? Bestimmtes Raumnutzungsmuster, oder einfach alles ablaufen und darauf hoffen, dass einem etwas Genießbares unterkommt? Kurze Antwort: Beides trifft zu. Felix Labhardt konnte durch seine Fuchsbeobachtungen im Saarland anschaulich zeigen, dass Füchse zwar ihr gesamtes Gebiet durchstreifen – aber nicht in jeder Nacht. Vielmehr legen sie jede Nacht eine andere Tour zurück. Dabei wurden im Saarland je nach Größe des Streifgebietes Strecken von durchschnittlich rund 5 bis 12 Kilometer durchwandert. Das passt gut zu den vorhin erwähnten Tages- oder besser Nachttouren. Dennoch gab es in jedem der saarländischen Fuchsreviere auch bestimmte Fixpunkte, die bevorzugt aufgesucht wurden. Dazu zählt der Bau zur Ranzzeit oder während der Jungenaufzucht ebenso wie bestimmte fixe Nahrungsquellen. Generell haben die Füchse im Saarland die offenen Feld-Wiesengebiete stärker während ihrer Streifzüge genutzt als etwa einen geschlossenen

Der Spätherbst ist Wanderzeit.
Viele Jungfüchse wandern im Herbst auf der Suche nach einem eigenen Revier oder einem Partner ab – vor allem Rüden.

großen Wald. Im Jura gab es dazu saisonale Unterschiede: im Sommer lieber auf den Wiesen, im Winter mehr im Wald. Wie sind diese Muster zu erklären?

Geht es um die Lebensraumnutzung im gesamten Jahreslauf, dann ist die Nahrungssuche sicher der zentrale Faktor, welcher den Fuchs in Bewegung hält. Dabei durchstreifen zwar die Familienmitglieder eines Clans gemeinsam ein Revier, aber unterwegs sind sie allein. Rotfüchse sind Jäger und Sammler, die sich sehr vielseitig ernähren. Das Angebot kann von einer Saison zur nächsten, von einer Nacht zur anderen, oder oft schon von einer Stunde zur nachfolgenden schwanken. Ein paar Beispiele: In einem Garten kommen die Regenwürmer aus dem Boden, weil dort am Nachmittag der Rasen bewässert wurde. Von einem Apfelbaum hat der Wind eben ein paar reife Äpfel geschüttelt. Jemand hat abends seine Küchenabfälle am Kompost entsorgt. An einem Campingplatz sind Essensreste einer nächtlichen Grillparty zurückgeblieben. Bei der Mahd am Vortag wurden einige Mausnester ausgemäht. Im Straßengraben liegt ein Hase, den ein Auto angefahren hat. Die Brombeeren in der Hecke sind nun endlich süß und reif. Am Flussufer hat heute jemand ein paar Fische gefangen, dort ausgenommen und geputzt…

Wer nicht weiß, wo es demnächst etwas zu finden gibt, der wird flexibel und anpassungsfähig – eben ein vielseitiger Opportunist. Wirklich verständlich wird das Bild erst, wenn man eine Ahnung davon bekommt, was der Rotfuchs alles frisst und wo er überall vorkommt. Das reicht von Olivenhainen in Nordafrika bis zu Almweiden in den Hohen Tauern und Stadtzentren in Zürich, Oxford oder Berlin. Will man es im ehemaligen und derzeit gängigen Sprachjargon ausdrücken, dann hat der Rotfuchs früher als Landstreicher Felder, Hecken und Bauernhöfe abgeklappert, um etwas Genießbares zu finden; heute checken die einzelnen Mitglieder der „Gang“ Vorgärten und Stadtviertel, um zu erkunden, wo es was zu holen gibt. Ob „Checken“ oder „Abklappern“, letztendlich geht es um Nachschau halten und am Laufenden bleiben…

Neben diesen Tagestouren gibt es aber auch tatsächliche Weitwanderstrecken, welche Rotfüchse auf der Suche nach freien Revieren oder Partnern zurücklegen. Also noch ein paar Worte zu den eigentlichen Wanderern. Das sind vor allem junge Rüden, die ein Territorium suchen. Die Wanderphase zieht sich von September bis Februar. Es gibt also Fuchsfamilien, die Reviere bewohnen, und vor allem Jungfüchse, die im Winterhalbjahr auf der Suche nach einem freien Platz umherstreifen. Falls daheim noch Platz frei ist, schließen sich junge Füchsinnen ihrer Familie an, jedenfalls wandern aber fast alle heranwachsenden Rüden ab, und auch ein kleiner Teil der erwachsenen Füchse ist unterwegs.

Diese Wanderphase kann schon im Sommer beginnen, wenn die Jungen selbstständig werden, wirklich stark setzt sie aber erst im Frühherbst ein. Dabei unternimmt ein Teil der Jungfüchse zuerst Erkundungsstreifzüge und Exkursionen, manche wechseln öfter zwischen zwei Streifgebieten, um sich schließlich in einem davon niederzulassen, andere wiederum ziehen auch abrupt davon und kehren nicht mehr um. Dabei gibt es einen Zusammenhang zwischen der Größe der Fuchsterritorien und den durchschnittlichen Wanderentfernungen. David Macdonald hat dies anhand von einigen Beispielen anschaulich dargelegt: Die Streifgebiete sesshafter Füchse in der englischen Stadt Bristol sind nur etwa 45 Hektar groß, im dänischen Bauernland hat man Reviere mit rund 120 Hektar gefunden, im eher kargen walisischen Hochland waren es ungefähr 640 Hektar und im Getreidegürtel mit den riesigen Maisanbauflächen im Mittleren Westen der USA sogar 960 Hektar. Die Wanderentfernungen, gemessen an der Luftlinie, betrugen in Bristol nur 3 Kilometer, in Dänemark waren es 8, in Wales 14 und in den USA 31 Kilometer. Neuere Studien aus Indiana und Illinois ergeben sogar durchschnittliche Strecken von 45 Kilometern (!) – vielleicht ein Hinweis darauf, dass im Mittelwesten die landwirtschaftlichen Anbauflächen immer noch größer werden.

Entfernungen zwischen 30 und 39 Kilometer sind auch aus schwedischen Untersuchungen bekannt.

Ich denke, dass nun jeder die ihm bekannten Fuchslebensräume in etwa nach Lebensraumqualität und Größe einordnen kann – womit sich dann auch mögliche Abwanderungsentfernungen ergeben. Vereinfacht heißt das jedenfalls: Je kleiner die Fuchsreviere, desto geringer die Wanderstrecken. Ein durchschnittlicher Fuchsrüde wandert über eine Entfernung, die etwa der Breite von vier bis sechs Territorien entspricht. Eine Rolle spielt dabei auch noch die Sterberate. Ist sie hoch, dann wird ein Jungfuchs natürlich eher auf freie Gebiete stoßen, womit die Wanderstrecken geringer werden.

Ganz ohne Rekorde geht es auch hier nicht, deshalb noch ein paar Ausnahmezahlen. Ein bekannter Spitzenwert stammt aus der relativ einförmigen schwedischen Taiga, wo es besonders große Fuchsterritorien gibt. Dort ist eine Fuchswanderung über 500 Kilometer Luftlinie belegt. In den USA wurden Maximalentfernungen von 478, 394 und 302 Kilometer gemessen. Dazu noch ein paar Informationen aus dem Mittelwesten. Füchse aus ländlichen Gebieten sind dort etwa drei Wochen früher aufgebrochen als ihre Verwandten in urbanen Bereichen. Und wie lange dauert die Reise? Die amerikanischen Fuchsforscher fanden heraus, dass zwischen Aufbruch und Sesshaftwerden im Durchschnitt rund 40 Tage verstrichen, wobei die Spannbreite von 2 Tagen bis knapp 4 Monate reicht. Dazu muss man sich aber die außerordentlich großen Reviere in dem Getreideanbaugebiet vor Augen halten. Wer je die tausende Hektar großen Mais- oder Weizenfelder gesehen hat, weiß was gemeint ist.

KURZ & BÜNDIG

- Rotfüchse haben ein riesiges Verbreitungsgebiet. Sie leben auf der gesamten Nordhalbkugel sowie in Australien und auf den Falkland-Inseln.
- Der Mensch hat durch seine heutige Landnutzung die Landschaft sehr fuchsfreundlich gestaltet. Landwirtschaft, Zersiedlung, Eliminierung des Großraubwildes, Beseitigung der Tollwut – das alles hat dem Fuchs in die Karten gespielt und ihn zu einem Gewinner der heutigen Kulturlandschaft gemacht.
- Die Streifgebiete von Füchsen können sehr unterschiedlich sein. In der Nähe menschlicher Siedlungen sind sie meist kleiner als 100 Hektar. In Gebieten mit wenig Struktur können sie aber auch größer als 500 Hektar sein.

Drittes Kapitel:

Verhalten: Einzelgänger oder Rudeltier?

Jeder kennt das Bild vom Wolfsrudel, das gemeinsam in der Gruppe auch einen Elch zu Fall bringt, der zehnmal so schwer ist wie ein ausgewachsener Wolf. Die Gruppe macht stark, die Zusammenarbeit eröffnet diesen Raubtieren bessere Überlebenschancen. Ein Wolf, der sich einer Gruppe anschließt, überlebt besser und hat vielleicht auch eher die Aussicht, Nachwuchs zu hinterlassen. Dass Wölfe in Rudeln leben, ist seit jeher klar, dass Füchse dagegen Einzelgänger sind, stand lange Zeit ebenso fest. Aber, obwohl wir heute erst mehr und mehr zu verstehen beginnen, eines ist sicher: Alle wildlebenden Hundeartigen haben ein komplexes Sozialleben, und auch Füchse können in Gruppen zusammenleben! Wer aber spielt welche Rolle in diesen Fuchsgruppen, welche Vorteile bietet dieser Lebensstil den Füchsen, und was kann daraus der Jäger lernen? Darüber mehr im nun folgenden Kapitel.

Jungen Fuchsrüden bleibt, wenn sie erwachsen werden, in der Regel nicht viel übrig, als abzuwandern und sich ein eigenes Territorium zu erkämpfen oder ein freies Revier zu besetzen. Eine junge Füchsin hat dagegen zumindest zwei Möglichkeiten: Sie kann sich entweder der Gruppe ihrer Eltern anschließen und abwarten, um vielleicht einmal das Revier ihrer Mutter zu erben, oder auch abwandern und ein eigenes Revier ergattern. Wenn sie zu Hause bleibt, muss sie in der Regel zunächst auf eigenen Nachwuchs verzichten. Die Möglichkeit, sich einer Familiengruppe anzuschließen, ist meist eine Frage der Nahrung. Gibt es wenig, dann müsste die Familie ihr Territorium ausdehnen, um einen zusätzlichen Magen zu füllen – in vielen ländlichen Gebieten dürfte dies für Füchse kein Problem sein. Dieses Vorgehen lohnt aber nur dann, wenn das zusätzliche Gruppenmitglied nicht nur ein „Fresser“ mehr ist, sondern wenn man damit einen Helfer gewinnt, der bei der Verteidigung des gesamten Revieres und beim Aufziehen der Fuchswelpen hilft. Junge bekommt in der Regel nur die dominante Fähe allein – jene Jungfüchsin, die daheimbleibt, spielt zunächst einmal Kindermädchen für die eigene Mutter. Fuchsgruppen sind also meist Familien, die aus einem dominanten Rüden und einigen untereinander verwandten Füchsinnen bestehen. Doch ist dieser Gruppenverband die Regel, oder handelt es sich dabei um Ausnahmen?

Die Antwort lautet: Sowohl die Größe der Gruppe als auch die Kopfzahl der Würfe steht in Zusammenhang mit Lebensraum und Nahrungsangebot. Dazu ein Beispiel aus drei unterschiedlichen Lebensräumen in Schweden. Im Süden Schwedens, wo sich landwirtschaftliche Flächen mit kleineren Waldflecken abwechseln und die Wühlmäuse in der Ernährung der Füchse eine geringere Rolle spielen, weil es genügend andere Nahrung gibt, überwiegen große Fuchsgruppen. Ihre Territorien sind mehr oder weniger stabil, die Fortpflanzung bei jüngeren Füchsinnen wird unterdrückt, die Schwankungen der Wühlmausbestände haben keinen Einfluss auf die Fortpflanzungsraten, weil sie durch andere Nahrungsquellen abgepuffert werden.

In einem zweiten Gebiet, wo der Wald zunimmt und landwirtschaftliche Flächen weniger werden, also einem Übergangsbereich zwischen Kulturland und Wald, steht die Gruppengröße schon deutlich enger in Zusammenhang mit dem Nahrungsangebot. Wühlmäuse haben zwar immer noch eine nur mäßige Bedeutung auf dem Speiseplan der Füchse, aber in guten Wühlmausjahren sind die Gruppen größer, weil dann kinderlose Jährlinge daheimbleiben oder sich bei Gruppen dazugesellen dürfen. Wenn die Wühlmauszahlen abnehmen, werden diese Kinderlosen wieder vertrieben. Die Fuchsterritorien bleiben aber ebenfalls stabil.

Im dritten Untersuchungsgebiet durchstreifen wir nun die nördlichen schwedischen Nadelwälder. Dort sind neben Raufußhühnern und Schneehasen Wühlmäuse wichtig für die Ernährung der Füchse. Hier schwankte die Größe der Reviere ganz extrem mit dem Nahrungsangebot. In Anpassung an die zyklischen Schwankungen der Wühlmausbestände wurden hier Fuchsterritorien größer, kleiner oder manchmal auch überhaupt aufgelöst. In diesem Gebiet entwickelten sich keine Familiengruppen; pro Territorium gab es in der Regel nur eine Füchsin und einen Rüden. In guten Wühlmausjahren hatten die meisten Fähen ein eigenes Revier und zogen auch Junge auf, in schlechten Mäusejahren hatten die meisten keine Jungen und auch kein eigenes Territorium.

Diese drei Beispiele zeigen, wie Nahrungsangebot, Territorialität und soziales Verhalten komplex ineinander übergreifen. Je nach Lebensraum sind also auch Füchse sehr sozial lebende

Revierkontrolle.

Der Rotfuchs lebt in begrenzten Streifgebieten, die bis zu einer gewissen Größe verteidigt werden.

Tiere. Damit ist das Leben in gemeinschaftlichen Gruppen innerhalb eines Revieres gemeint. Wichtig ist der Hinweis, dass auch Rüden bei der Aufzucht der Welpen helfen, indem sie Beute bringen oder eben auch das Revier gegen Eindringlinge verteidigen. Der Rüde ist ein Teil der Familie! Damit hängt auch der geringe Unterschied zwischen den Geschlechtern zusammen. Fuchsrüden sind nur wenig größer und schwerer als die Fähen. Bei Tierarten, bei denen sich die Männchen nicht um den Nachwuchs kümmern, ist dagegen der Geschlechtsdimorphismus in der Regel stark ausgeprägt.

Territorien – „Revierjagd versus Lizenzsystem"

Fest steht nun: Ein üppiges Nahrungsangebot in einer abwechslungsreichen Landschaft führt zu kleineren Territorien. Doch wann sprechen wir von einem „Territorium", und wann ist eher der Ausdruck „Streifgebiet" angebracht? Der Unterschied ist deshalb von Bedeutung, weil ein Revier verteidigt wird und daher dessen Ressourcen nur von einem oder von wenigen Tieren ein und derselben Art beansprucht werden. Ein Streifgebiet ist dagegen ein Bezirk, den ein Wildtier ohne exklusiven Anspruch nutzt. Die Frage nach Revier oder Streifgebiet ist deshalb von Interesse, weil damit neben der Raumnutzung auch das Sozial- und Gruppenleben beeinflusst wird. Gerade bei Füchsen wurde in der Vergangenheit oft gerätselt, ob sie Einzelgänger sind oder ob sie in Familienverbänden zusammenleben. Heute weiß man jedenfalls: Wenn sie einmal einen freien Platz gefunden haben, dann sind sie standorttreu. Der überwiegende Teil lebt in fixen Revieren. Das bringt viele Vorteile, denn Ortskenntnis spart Zeit und lange Wege, und sie gibt Sicherheit. Während der Zeit, wo die Jungen aufgezogen werden, ist die Fähe ohnehin an die Umgebung des Wurfbaues gebunden. Fest steht jedoch, dass so ein kleines Raubtier einen Lebensraum ab einer bestimmten Größe kaum noch verteidigen kann. Das heißt, in Berggebieten, wo Füchse oft mehrere tausend Hektar durchstreifen, kann man eigentlich kaum mehr von „Territorien" sprechen. Es wurde auch bereits beschrieben, dass Bergfüchse nur die Umgebung rund um Tagesruheplätze und Baue exklusiv nutzen. Hier ist aber auch die Dichte viel geringer, sodass zwei fremde Tiere wohl eher selten aufeinandertreffen. Bestätigt wird dies dadurch, dass aneinandergrenzende große Streifgebiete von Rotfüchsen deutlich mehr überlappen als kleine.

In guten Fuchslebensräumen mit hohen Wilddichten und reichlich Nahrungsangebot steigen dagegen die Fuchsdichten, der Platz, den ein Tier braucht, um seine Lebensbedürfnisse abzudecken, wird geringer – womit schlussendlich Reviere leicht abgegrenzt und verteidigt werden können. Das hängt auch damit zusammen, weil Füchse ein kleines Revier fast täglich zur Gänze durchwandern, während dies in großen Gebieten kaum möglich ist. Die nächtlichen Gesamtstrecken, welche ein Fuchs alltäglich hier und dort zurücklegt, unterscheiden sich nur wenig. Interessant ist in diesem Zusammenhang ein Hinweis von Labhardt. Er nimmt an, dass ein Fuchspaar, welches in seinem Saarländer Untersuchungsgebiet als einziges die Tollwut überlebt hatte, sein Streifgebiet besonders weit ausdehnte, um endlich wieder an die Grenzen von Nachbarn zu stoßen. Felix Labhardt: *„Vielleicht ist ein Fuchs ohne Nachbarn ein unglücklicher Fuchs?"* Das ist zumindest ein deutlicher Hinweis auf die Bedeutung von Sozialkontakten bei einem angeblichen Einzelgänger…

Warum jedoch ist das Thema „Territorium" überhaupt von Bedeutung? Ich denke, es ist ein guter Einstieg, wenn es um das flexible Sozialsystem von Rotfüchsen geht. Kurz und gut: Wir verstehen das Verhalten von Füchsen besser, wenn wir uns mit ihrem Reviersystem auseinandersetzen. Hier zeigt sich am besten, ob wir von Einzelgängern oder Rudeltieren sprechen können. Um es allerdings gleich vorwegzunehmen: Auf den anpassungsfähigen Rotfuchs trifft keine der beiden Bezeichnungen so ganz eindeutig zu – er lässt sich in diese Kategorien nicht so einfach

Revierverteidigung.
Eindringlinge werden strikt aus dem Revier vertrieben. Zu so ernsten Kämpfen kommt es aber selten. Geruchsmarken und Drohverhalten reichen meist aus.

einordnen. Gehen wir also in einen Lebensraum, wo die Fuchsdichten besonders hoch sind und wo es viele aneinandergrenzende Reviere gibt – nach Oxford, der bekannten englischen Universitätsstadt, wo David Macdonald und seine Fuchsgruppe bereits in den 1980er-Jahren das Sozialleben von Rotfüchsen studiert hat.

Begonnen hat Macdonald zunächst in den ländlichen Gebieten am Rande der Stadt. Dort stellte er fest, dass die Füchse in Gruppen zusammenlebten. Das heißt nun aber nicht, dass Füchse wie in einem Rudel zusammenhalten oder gemeinsam umherziehen. Macdonald fand heraus, dass sich die Mitglieder einer Gruppe in einer langen Winternacht von zehn Stunden gerade einmal 4 Minuten lang näher als 30 Meter kommen. Was zeichnet dann die Gruppe aus? Zunächst: Es muss nicht unbedingt direkten Kontakt geben, Füchse kommunizieren auch über Geruch und über Lautäußerungen miteinander. Die Tiere einer Gruppe zeichnet aus, dass sie alle dasselbe Revier durchstreifen, zwischen diesen Gruppenmitgliedern besteht eine soziale Hierarchie. In der Regel gibt es dabei nur einen erwachsenen dominanten Rüden und bis zu vier oder fünf erwachsene Füchsinnen, die miteinander blutsverwandt sind. Macdonald fand heraus, dass Reviergrenzen in der Nähe von Häusern und Gärten exakt eingehalten wurden. Das waren jene Gebiete, wo die meiste Nahrung zu finden war. Im angrenzenden Wald, wo die Baue und Tagesruheplätze lagen, hatte zwar jede Gruppe auch ihre eigenen Höhlen und Lager, aber hier überlappten die Bewegungen benachbarter Gruppenmitglieder öfter. Hier wurden die Grenzen also weniger genau eingehalten.

Das mag nun ein Widerspruch zu den erwähnten Tagesruheplätzen bei den Bergfüchsen sein, aber die Sache erklärt sich aus Reviergröße und Nahrungsangebot. Bergfüchse sind keine Regenwurmjäger; wenn dort ein Stück Fallwild aus einer Lawine ausapert, dann ist das ein konzentriertes Nahrungsangebot, das von mehreren Füchsen genutzt wird. Das weit verstreute und kaum vorhersagbare Nahrungsangebot am Berg bietet jedoch keine sichere Basis, um eine größere Gruppe tagtäglich zu ernähren. Ein ähnliches Muster zeigte sich zum Beispiel auch in Wüstengebieten Saudi-Arabiens. Dort konnte keine strikte Territorialität bei Rotfüchsen beobachtet werden. Alle Füchse nutzten hier Plätze mit hohem Nahrungsangebot, wobei gleichzeitig bis zu vier Füchse dort auftauchten. Im Gegensatz zu dem hierarchischen Sozialsystem mit Gruppen, welche ein fixes Territorium besetzen, das ausreichend Nahrung für alle bietet, zahlt sich in extremen Lebensräumen die Revierverteidigung nicht aus. Das führt so weit, dass sich in den Extremgebieten sehr lose soziale Gruppen bilden. Sie nutzen ergiebige Nahrungsquellen gemeinsam, besetzen aber kein gemeinsames Revier.

Berg- und Beduinenfüchse sind also eher Lizenzjäger, die dorthin gehen, wo es gerade etwas zu holen gibt; Stadt- und Landfüchse sind Revierjäger. Eine Parallele zu immer kleiner werdenden Pirschbezirken rund um Großstädte und Bergjägern in Schweizer Patentkantonen drängt sich hier nachgerade auf. Zurück nach Oxford!

Dort zeigte sich, dass Rotfüchse keine ortsstabilen Reviere besetzten. Was heißt das? Ein Fuchs am Stadtrand und im umliegenden Farmland wurde in eine soziale und territoriale Struktur hineingeboren, sie hatte ein ganzes Leben lang Bestand und änderte sich von einer Generation zur nächsten kaum. Nachdem David Macdonald einige Jahre in der Umgebung von Oxford geforscht hatte, dehnte er seine Untersuchungen auf das Stadtgebiet aus und machte dort interessante neue Entdeckungen. Die Reviere der Stadtfüchse waren in etwa gleich groß wie im umliegenden Farmland, doch die Telemetriestudien erbrachten zunächst kein eindeutiges Bild betreffend die Territorien. Im Gegenteil, auf einmal schien alles über den Haufen geworfen, denn die Reviere der Stadtfüchse dehnten sich aus und schrumpften wieder, und vor allem: Die durchstreiften Gebiete änderten sich. Also wieder von vorne anfangen? Keineswegs, tatsächlich veränderten sich die Streifgebiete der Stadtfüchse, doch es handelte sich eindeutig um Reviere. Ein Grund für die Verlagerung über die Zeit lag bei der hohen Sterblichkeit. Die Stadt bietet zwar ausreichend Nahrung, aber sie ist ein gefährliches Pflaster, sodass immer wieder Füchse ausfallen. Zwei Drittel der Stadtfüchse starben bei Verkehrsunfällen, Knochenbrüche waren keine Seltenheit. Das Durchschnittsalter der Füchse, die post mortem untersucht wurden, lag bei 12 Monaten. Im angrenzenden Farmland waren zwei Drittel der verendet aufgefundenen Füchse fünf Jahre oder älter. Das heißt: Eine hohe Todesrate verändert das soziale Gefüge immer wieder, die Hierarchien in den Gruppen sind nicht mehr stabil. Vielleicht führten auch wechselnde Futterquellen zu instabilen Verhältnissen. Insgesamt hat dies im Stadtgebiet von Oxford bewirkt, dass die Reviergrenzen immer wieder neu abgesteckt wurden – und das führt eben dazu, dass diese Reviere „driften“. Es gab also jedenfalls Reviere, deren Grenzen blieben aber aufgrund der hohen Sterblichkeit nicht über lange Zeit fix, weshalb dann ein gesamtes Fuchsrevier über einen Stadtteil richtiggehend wandern kann.

Bleiben die Territorien relativ stabil, weil es wenig Ausfälle gibt, dann zeigen Beobachtungen aus Holland, dass im Frühjahr und Frühsommer die Grenzen genauer eingehalten werden, während es im Sommer und im Herbst deutlich öfter Grenzüberschreitungen in Nachbarreviere gibt. Im Winter nimmt das Territorialverhalten dann wieder stark zu.

Im Zentrum der Bau?

Der höchste mir bekannte Fuchsbau liegt unter einem einzelnen großen Felsblock auf 1.930 Meter Seehöhe. Die Füchse dort sind „Großwildjäger". Der riesige Felsen oberhalb der Baum-

Hochlagen-Fuchsbau.

Der Fuchsbau auf 1.930 Meter Seehöhe wurde unter diesem Felsen weit oberhalb der Waldgrenze angelegt.

Bauanlage mit 16 Röhren.

Große Bauanlagen können sogar Dutzende von Eingangsröhren haben. Meist ist hier aber der Dachs der Baumeister.

grenze bietet optimalen Schutz. Ende Mai, Anfang Juni ist davor die Erde plattgetreten. Es gibt Fuchsbaue, wo man mit den über viele Jahre zusammengetragenen Beuteresten zoologische Sammlungen aufbessern könnte, selten jedoch habe ich so viele frische Beutereste bei einem Bau gefunden wie dort oben. Dabei erinnere ich mich an einen Junitag: Unter dem vorspringenden Felsdach lag ein frisch gerissenes Rehkitz, das die Bergfüchse wohl von weit her apportiert haben, dazu ein Lamm, das hier irgendwo sicher erst vor kurzem zur Welt gekommen war. Rundherum Reste von Fallwild – einige Läufe von Gams und Reh – und daneben auch Überreste von Murmeltieren. Die verstreuten Knochen zeugten davon, dass dieser Bau schon lange bewohnt war. Wie viel davon die Füchse selbst gerissen haben und wie viel sie einfach nur gefunden und zusammengetragen hatten, war dabei nicht zu erkennen.

Baue gibt es in verschiedensten Formen und Größen. Ist das Gelände sandig und kann leicht gegraben werden, dann entstehen über die Jahre Gangsysteme mit vielen Aus- und Eingängen. Das können bis zu zwanzig Röhren und mehr sein – der hauptverantwortliche Baumeister ist in solchen Fällen immer der Dachs. Viele Fuchsbauten haben aber nicht mehr als vier bis fünf Röhren. Die größte Bauanlage, die Felix Labhardt erwähnt, hatte 46 Röhren, zwei weitere hatten 35 Röhren. So gut wie immer sind das Dachsbaue, die von Fuchs und Dachs genutzt werden. Grundsätzlich unterscheidet man zwischen Hauptbauen, die auch „Wurfbaue" oder „Mutterbaue" genannt werden, daneben gibt es kleinere Neben- oder Notbaue. Wurfbaue, die der Fuchs bevorzugt benutzt, sind in der Regel größere Baue mit vielen Röhren. Vor allem dann, wenn der Boden nicht wirklich gut für die Anlage von Bauen geeignet ist, hält besonders der Dachs an Hauptbauen oft mit unglaublicher Zähigkeit fest.

Dachsbau.

Ein typisches Kennzeichen für den Dachs ist die markante Rinne im frischen Auswurf.

Selbst Vergrämungsaktionen haben da nur kurzfristig Erfolg. Ist der Boden felsig mit geringer Erdschicht, wie im slowenischen Karst, dann gibt es überhaupt nur wenig Gelegenheiten, einen Bau anzulegen. Hier werden die wenigen geeigneten Unterkünfte über Jahrzehnte oder vielleicht sogar über Jahrhunderte genutzt. Große Aus- und Umbauten sind kaum möglich. Nur, braucht der Fuchs überhaupt einen Bau? Wann steht der Bau im Zentrum, und wann ist dieser kaum von Bedeutung?

Die umfassendste Studie zur Nutzung von Fuchsbauen, die ich kenne, stammt vom Schweizer Darius Weber. Zusammengetragen hat er seine Beobachtungen aber wieder einmal im Saarland. Dabei hat er während eines Jahres die Nutzung von über einhundert Bauen regelmäßig kontrolliert. Nur Welpen und Fähen während der frühen Aufzuchtzeit verbrachten ihre Ruhezeit vorwiegend im Bau. Baue wurden zwar häufig oberirdisch inspiziert, oft auch markiert, ohne sie jedoch zu betreten. Selbst im Winter ruhten die Füchse meist oberirdisch, nur gelegentlich bei extremen Wetterverhältnissen verbrachten sie ihre Ruhezeit im Bau. Dazu muss bemerkt werden: Das Angebot an Bauen war relativ hoch, der Weg zum nächsten Bau also nicht sehr weit. Ein Risikofaktor war allerdings die Baujagd. Weber hat dafür jedoch zwei unterschiedliche Gebiete miteinander verglichen. Im Stadtwald von Saarbrücken, einem etwa 460 Hektar großen Waldgebiet mit vielen Besuchern, geringem Jagddruck und günstigen Verhältnissen für die Anlage von Bauen waren es ungefähr fünfzig Baue. Im 1.000 Hektar großen Vergleichsgebiet, dem Bliesgau Forst, das etwas weniger Wald, dafür aber auch landwirtschaftlich genutzte Flächen umfasste, waren es ebenfalls rund fünfzig Baue. Im Bliesgau war der Jagddruck ganzjährig hoch. Auch wenn die Baue dort nicht regelmäßig benutzt wurden, die Anzahl weist aus meiner Sicht dennoch auf eine sehr hohe Fuchsdichte hin. Was hier möglich ist, zeigt eine frühe Studie von Kurt Eiberle, einem ehemaligen Schweizer Professor für Wildkunde. Er hat in seinem Versuchsrevier Reppischtal in

Fuchsloch.
Vom Fuchs gegrabene Baue haben meist nur wenige Röhren. Frisches Auswurfmaterial und ein plattgetretener Eingang zeugen von einem befahrenen Bau.

der Nähe von Zürich auf 100 Hektar Wald 65 Baue kartiert. Wie viele davon bereits aufgegeben oder verfallen waren und auch, wie genau zwischen den Röhren weitverzweigter oder benachbarter Baue unterschieden wurde, ist nicht bekannt – die Anzahl ist aber jedenfalls beeindruckend.

Besonders viele Baue haben die Füchse im Saarland am Beginn des Winters inspiziert. Das fällt auch mit der Wanderphase zusammen. Gleichzeitig ist das auch die Zeit, in der ansässige

Bau-Inspektor.
Gerade zu Beginn des Winters werden Baue gern und oft inspiziert – und markiert.

Füchse besonders häufig die Baue in ihrem Revier markieren – wohl um vorbeikommenden Zuwanderern mitzuteilen, dass hier bereits besetzt ist. Im Frühwinter nahm nach Weber dann die Anzahl der benutzten Baue zu und erreichte im Dezember ein Maximum. Während der Ranz im Jänner wurden dann wieder deutlich weniger Baue benutzt als im übrigen Winter. Von Februar bis März ist Wurfzeit. Das war nun wieder eine Phase, wo besonders viele Baue befahren waren. Während der frühen Aufzuchtzeit im April und Mai nimmt der Anteil der befahrenen Baue dann wieder ab, jetzt bedürfen in erster Linie nur die Gehecke des schützenden Baues. Fähen, die an den Wurfbau gebunden sind, suchen nun weiter entfernte Revierteile für eine Zeitlang nicht mehr auf. Im Sommer werden Baue kaum noch benutzt, denn um diese Zeit gibt es ohnehin genügend Schutz und Deckung. Weber arbeitete auch mit Hilfe von Radiotelemetrie. Ein Ergebnis: Von Juni bis September wurde kein Altfuchs mehr in einem Bau angetroffen. Auch für den Winter folgert er, dass im Bau nur kurze Ruhephasen verbracht werden, für längere Ruhezeiten wurden andere Plätze bevorzugt.

Darius Weber konnte besonders zur Wurfzeit beobachten, dass neue Baue angelegt oder alte erweitert wurden. Während der Ranz gab es an manchen Bauen besonders starke Aktivität. Er beschreibt, dass zu solchen „Ranzbauen" Spuren aus allen Richtungen führten, der Schnee war bisweilen im Umkreis von über zehn Metern flächig zertreten, rundherum gab es Harnmarken. Es kann durchaus vorkommen, dass in so einem Ranzbau auch einmal eine Fähe und zwei oder drei Rüden gleichzeitig stecken, aber dazu bemerkt der Fuchsforscher: Solche Ranzbaue müssen nicht unbedingt befahren sein – einer stand während des ganzen Jahres sogar randvoll mit Wasser. Vielmehr sind das Treff- oder Knotenpunkte, die über ein Gebiet gleichmäßig verteilt sind. Oft ruhen Füchse im Winter auch nur wenige Meter von einem Bau entfernt über der Erde.

Später Schnee. Nach einer ganzen Nacht Sauwetter Ende April wurde dieser Bau nicht benutzt. Der Fuchs verbrachte die Nacht vor der Eingangsröhre.

Was Weber in den 1980er-Jahren noch an den Spuren im Schnee erkannte, zeigt heute die ein oder andere Wildkamera:

> Ende April dieses Jahres gab es einen Wintereinbruch. In dem Bau, den ich zu der Zeit kontrollierte, war bereits ein Geheck. Auf den Fotos der automatischen Wildkameras waren regelmäßig mindestens zwei erwachsene Füchse und einige Dachse abgelichtet. In der Nacht, als es massiv geschneit hatte, schlief einer der erwachsenen Füchse völlig frei und ohne jeden Schutz zusammengerollt ein paar Meter vor dem Bau im Schnee.

Besonders witterungsempfindlich waren allerdings auch die Jungfüchse dort nicht, denn ob Regen oder Temperaturen um den Gefrierpunkt, von dem Zeitpunkt an, wo sie das erste Mal den Bau verließen, waren sie jeden Tag bei völlig unterschiedlichen Wetterlagen im Freien anzutreffen. In diesem Mai gab es einige Kälteeinbrüche mit Starkregen und Temperaturen um den Gefrierpunkt. Vor allem nachts, wenn die Jungen vor den Bau kamen, lag die Temperatur in der ersten Maihälfte nur wenige Grad über Null.

Das erste Mal erschienen die Jungfüchse hier am 30. April, da lag noch Schnee. Der Bau dient sicher auch als Schutz vor Wetterextremen, aber offensichtlich geht es für die Jungfüchse nach ein paar Wochen mehr um einen sicheren Ruhe- und Rückzugsort und um den Schutz vor Feinden. Es gibt auch Berichte von Stadtfüchsen, die keinen Bau benutzten und die ihre Jungen in dichten Hecken zur Welt gebracht und aufgezogen haben. Der Nachwuchs kann erst im Alter von etwa drei Wochen die Körpertemperatur selbst aufrechterhalten und regulieren. Ich denke, das war auch in etwa das Alter, wo ich die Jungen das erste Mal vor dem damals von mir kontrollierten Bau beobachten konnte. Interessant war dabei, dass dieser Bau unter einem Karstfels Zugänge von zwei Seiten hatte: drei Röhren im Süden, ein großer Eingang im Norden. Während der Ausgang im Norden zu einem sehr lockeren Fichtenwald führte, wo immer noch extensive Waldweide betrieben wird, münden die südlichen Röhren in einen kleinen Kessel, der von Haselnusssträuchern und ein paar umgebrochenen Bäumen eingesäumt wird. Dieser kleine Kessel mit einem Durchmesser von etwa 8 x 2 Metern war zunächst die geschützte erweiterte Kinderstube, obwohl die Kleinen schon vom ersten Tag an die steilen Böschungen erkletterten. Auf dem Nordabhang, der später viel mehr Platz zum Spielen und für Erkundungen geboten hat, waren die Jungfüchse erst am 5. Mai das erste Mal aufgetaucht.

Die Geheckbauanlagen von Fuchs oder Dachs liegen bevorzugt im Wald, an Waldrändern, in Hecken, Feldholzinseln oder Feldholzstreifen. Waldähnliche Strukturen und Böschungen oder Hänge werden jedenfalls bevorzugt. Die Anzahl der Baue ist abhängig davon, wie leicht gegraben werden kann. Jeder Fuchs hat in seinem Revier einen oder einige bevorzugte Baue, bei den Fähen sind das jedenfalls die Wurfbaue.

Beobachtungen am Fuchsbau

Im Frühjahr, in dem ich dieses Buch schrieb, beobachtete und kontrollierte ich regelmäßig einen mir bekannten, befahrenen Fuchsbau, in dem Junge großgezogen wurden. Dabei ist klar, dass aus den Aufzeichnungen an einem Bau kein Forschungs-

Fuchswelpen-Knäuel.

Fuchswelpen kommen blind zur Welt. Nach rund zehn Tagen öffnen sie die Augen – diese sind am Anfang noch blau.

projekt wird, dennoch habe ich dabei völlig neue Einsichten zu einer Wildart erhalten, der ich mich sonst hauptsächlich in den Wintermonaten über die Jagd angenähert habe, die ich aber nie regelmäßig beobachtet habe. Dabei bietet gerade ein Bau mit Jungen einen einfachen Einblick zu einer vermeintlich bekannten Wildart. Hilfreich war in diesem Fall eine Technik, der ich sonst mit etwas Skepsis begegne. Mit Hilfe automatischer Wildkameras kann das Geschehen jedoch über vierundzwanzig Stunden, also auch nachts, aufgezeichnet werden. Die paar Fotos allein ergeben aber noch lange kein klares Bild. Ohne Hintergrundwissen kann die Interpretation sogar leicht in die Irre führen. Zugute gekommen ist mir dabei jedenfalls der gute Felix Labhardt – dessen Standardwerk zum Rotfuchs vor über fünfundzwanzig Jahren erschienen ist.

Der Bau, von dem ich spreche, liegt auf etwa 750 Meter Seehöhe am Rande eines ausgedehnten Waldgebietes in Slowenien. Die Umgebung des Baues blieb – meine Anwesenheit einmal ausgenommen – völlig ungestört. Obwohl dort Braunbären, Wölfe, Schakal, Wildkatze und hie und da auch ein Luchs vorhanden sind, konnte ich außer Dachsen, ein paar Rehen und einigen Stück Rotwild in einer Überwachungszeit von knapp drei Monaten kein anderes Wild in unmittelbarer Bau-Umgebung feststellen. Während im April, in der Zeit, wo die Jungfüchse den Bau noch nicht verließen, Füchse und auch mindestens zwei Dachse diesen Bau benutzten, kamen die Dachse im Mai nur mehr gelegentlich vorbei. Im Juni waren dann die Dachse wieder häufiger zu beobachten, die Jungfüchse nutzten dann mehr und mehr die Umgebung des Baues. Ein Teil der Jungfüchse blieb zur Sommersonnenwende immer noch in diesem Bau und dessen Umgebung. Um diese Zeit war jedoch kein Altfuchs mehr dort, wohl haben sich aber neben den verbliebenen Jungfüchsen dann die Dachse wieder breitgemacht.

In dem Bau wurden zumindest sechs Junge großgezogen, mehr konnte ich auch bei direkten Beobachtungen vor Ort nie auf einmal zählen. Auffällig war dabei von Anfang an, dass zwei Welpen deutlich kleiner waren als der Rest. Zunächst dachte ich, dass die zwei eben etwas schwächer als ihre Geschwister seien, immerhin gibt es in jedem Wurf größere und kleinere Welpen. Nach zwei bis drei Wochen Beobachtung, eingehender Literaturrecherche und genauer Durchsicht aller Bilder stand für mich jedoch fest: Hier handelte es sich um zwei Fuchsfamilien in einem Bau. Es wird zwar immer wieder davon berichtet, dass Töchter ihren Müttern bei der Aufzucht der Jungen fallweise

Baukontrolle 4. Mai.

Anfang Mai erscheinen die Fuchswelpen zum ersten Mal vor dem Bau. Sie dürften zu dieser Zeit etwa 2 bis 3 Wochen alt sein.

Baukontrolle 16. Mai.

Nach einiger Zeit war klar: In dem Bau befanden sich zwei Gehecke. Die noch grauen Welpen beobachten hier das Spiel der Älteren.

Baukontrolle 4. Juni.

Anfang Juni, und dieser Jungfuchs ist nun fast fertig entwickelt.

Baukontrolle 17. Juni.

Die Füchse haben den Bau verlassen. Nachdem nun wieder Ruhe herrscht, kehren die Dachse zurück.

zur Seite stehen, und in diesem Fall kann man auch annehmen, dass die beiden erwachsenen Füchse miteinander verwandt waren, aber die auffälligen Unterschiede bei Entwicklung, Größe und Färbung der Welpen legen nahe, dass es sich um zwei Würfe gehandelt hat. Nachdem ich mir dann die Fotos genau durchgesehen habe, wurde offensichtlich, dass eine Fähe nur die zwei schwachen Welpen säugte, während die andere die vier starken Jungen säugte. Auch beim Futterbetteln waren die Gruppen immer wieder getrennt. Wirklich sicher war ich allerdings erst, als ich im erwähnten Buch von Labhardt eine Anmerkung fand. Dort schreibt er, dass er im Raum Basel bei hohen Dichten mitunter zwei Fähen mit ihren Jungen im selben Bau antraf. Die Fuchsdichte ist in dem slowenischen Waldrevier sicher gering, viel eher geht es hier aber um den Mangel an gut geeigneten Bauen.

Dieses Beispiel zeigt erneut, wie anpassungsfähig und flexibel Rotfüchse sein können. In einem Wolfsrudel wirft nur die Alpha-Wölfin Junge. Füchse können sowohl paarweise zusammenleben, es gibt Rüden, die mit mehreren Weibchen ein Revier teilen, sich aber nur mit einem fortpflanzen, und es gibt Fuchsgruppen bestehend aus einem Rüden und zwei, manchmal sogar drei Fähen, die sich alle an der Fortpflanzung beteiligen. Womit der Ruf vom wenig sozialen Einzelgänger wohl endgültig fallen dürfte.

Zuwachs, Helfer und Vielweiberei

Für die meisten Fuchsvorkommen in Mitteleuropa galt in der Vergangenheit die einfache Regel: Ein Rüde teilt mit einer Fähe ein Revier. Das heißt, die zwei nutzen paarweise ein gemeinsames Streifgebiet, wobei außerhalb der Ranzzeit und der Zeit der Welpenaufzucht jeder seiner eigenen Wege geht. Wo die Dichte hoch ist, leben die Füchse aber, wie gesagt, immer öfter in Gruppen, die sich ganz unterschiedlich zusammensetzen können. Fix ist dabei nur eines: Innerhalb dieser Gruppen gibt es nur einen dominanten Rüden. In der Regel wandern alle jungen Rüden aus dem elterlichen Streifgebiet ab, um spätestens bis zur Ranzzeit einen freien Platz oder zumindest eine hitzige Fähe zu finden.

Die Ranzzeit fällt je nach Höhenlage in die Zeit von Ende Dezember bis Mitte Februar, im Norden Europas auch erst gegen Ende März. Das hängt auch mit der kurzen Tragzeit beim Rotfuchs zusammen; sie dauert nur 51 bis 53 Tage. Wenn also nach einem Monat und drei Wochen die Jungen zur Welt kommen, dann sollte der Winter vorbei sein, damit der Nachwuchs nicht durch Kälte oder Witterungsextreme leidet und damit vor allem später genügend Nahrung für die Welpen beschafft werden kann. Die Geburt erfolgt demnach im frühesten Fall schon Ende Februar, in der Regel wird dies jedoch Mitte oder Ende März sein.

Mit neun bis zehn Monaten sind Rotfüchse geschlechtsreif. Das heißt, wenn ein Welpe Ende März zur Welt kommt, dann könnte er Ende Dezember als geschlechtsreifer, erwachsener Rotfuchs an der Ranz teilnehmen. Mit Ausnahme des Haushundes sind alle Hundeartigen nur einmal im Jahr fortpflanzungsfähig, das gilt für Männchen und Weibchen. Beim Fuchsrüden beginnt die Spermienbildung etwa ab November und hält bis Anfang März an, der Zyklus der Fähe beginnt rund 40 Tage später. Sie ist nur zwei bis drei Tage paarungsbereit, lässt sich in dieser Zeit aber auch von mehreren Rüden decken.

Zueinander finden der Rüde und die Fähe über Duftstoffe, sogenannte Sexualpheromone, welche die Fähe schon zwei Wochen vor ihrer Empfängnisbereitschaft über den Harn und die „Viole" – einer Drüse oberhalb des siebten Schwanzwirbels – abgibt. Solche Duftsignale können auch über mehrere Kilometer wahrgenommen werden – jeder Hundebesitzer weiß das. Wenn Rüden hitzige Fähen suchen, dann versuchen sie auch

Ranz – Bild 1.

Rüde und Fähe haben einander gefunden. Noch weist sie ihn scharf zurück und duldet keinen Körperkontakt.

Ranz – Bild 2.

Zu den Abwehr- bzw. Drohhaltungen bei Füchsen gehört auch das Buckeln, ähnlich den Katzen.

Ranz – Bild 3.

Der Rüde buckelt. Wenn die Distanz zwischen den beiden Füchsen abgebaut ist, wird er ihr seine Kehle als Beschwichtigungsgeste präsentieren.

Ranz – Bild 4.

Oft kommt es vor, dass Rüde und Fähe während der Ranzzeit hintereinander herlaufen und sich gegenseitig jagen.

über das sogenannte Ranzbellen mit ihr Kontakt aufzunehmen. In Jänner- oder Februarnächten ist dieses Bellen oft zu hören. Dabei werden immer wieder Serien von vier bis fünf Belllauten abgegeben. Im Ausnahmefall kann sich das manchmal bis über eine Stunde hinziehen. Haben sich die beiden endlich gefunden, dann ist Distanzabbau gefragt, denn zunächst zeigt sich die Fähe noch recht spröde gegenüber ihrem Freier. Während sie ihn mit zurückgelegten Ohren und weit offenem Fang zurückweist, versucht er sie mit dem Darbieten seiner Kehle zu beschwichtigen. Duldet sie Körperkontakt, dann ruht er an ihrer Seite, beleckt sie oder knabbert an ihrem Gesicht und wacht rigoros darüber, dass ihr ja kein Konkurrent zu nahe kommt. Dennoch geschieht es immer wieder, dass auch mehrere Rüden mit einer hitzigen Fähe zugleich in einem Bau stecken. Um sich mit einer empfängnisbereiten Fähe zu paaren, verlassen Fuchsrüden zur Ranzzeit vorübergehend auch ihr Streifgebiet. Kommt es zur Kopulation, hängen Fähe und Rüde – so wie auch Hunde – etwa 20 bis 30 Minuten. Während des Östrus kann es jedenfalls mehrfach Kopulationen geben – wie gesagt, auch mit verschiedenen Rüden, wonach dann die Jungen aus einem Wurf nicht unbedingt alle vom selben Vater sein müssen.

Die Witterung während der Ranzzeit spielt, so wie bei anderen Wildarten, kaum eine Rolle, denn die Fortpflanzung muss in den zwei Wintermonaten über die Bühne gehen – und wenn die Fähe hitzig ist, dann ist das Wetter Nebensache. Die Jungfüchse sind zunächst einmal Nesthocker, welche blind und mit einem Geburtsgewicht von 80 bis 100 Gramm zur Welt kommen. In der Regel werden etwa fünf Welpen gewölft, es können aber auch acht oder sogar zehn Geschwister in einem Wurf sein. Bei sehr großen Gehecken, in denen es noch dazu unterschiedlich große Jungtiere gibt, kann es sich auch um die Würfe von zwei Fähen handeln. Wie gesagt: Zwei Fuchsmütter können ihren Nachwuchs gemeinsam in einem Bau aufziehen, dabei ist es auch möglich, dass, bei Ausfall einer Fähe, die zweite deren

Welpen adoptiert. Auch hier sind Füchse also wieder einmal sehr flexibel.

Der Kessel wird nicht wie beim Dachs ausgepolstert. Die Fähe bleibt in den ersten zwei, drei Wochen die meiste Zeit bei ihrem Nachwuchs im Bau. Der Rüde bringt ihr in dieser Zeit Futter.

Generell lässt sich beim Rotfuchs aber auch dabei wieder einmal keine fixe Regel aufstellen: Es gibt Rüden, die Fähe und Welpen regelmäßig versorgen und verteidigen, und die auch im Bau geduldet werden; und es gibt solche, die sich kaum um den Nachwuchs und die Fähe kümmern. Ich nehme an, hier wird der Zugang zu unterschiedlichen Nahrungsquellen auch eine Rolle spielen.

Die Welpen sind in den ersten zehn Tagen dunkelgrau. Im Alter von etwa zwei Wochen öffnen sie die Augen, mit rund drei Wochen erhält das Haarkleid einen sandfarbenen Ton, die Stirnpartie wird rötlichbraun. Nun brechen auch die Zähne durch. In dem Alter können die Jungen nun auch das erste Mal in den Eingangsröhren und vor dem Bau erscheinen. Die Fähe ist hier am Anfang dabei. In Revieren, in denen es keine Baujagd gibt und wo auch kaum Störungen rund um den Wurfbau auftreten, muss das nicht im Schutz der Dunkelheit geschehen. Die Welpen aus dem Bau, den ich beim Schreiben dieses Buches beobachtet habe, erschienen das erste Mal mit der Fähe am späten Nachmittag in einer der Eingangsröhren – also noch bei hellem Tageslicht. Bereits zwei Stunden später erkundeten fünf Welpen den Bereich vor den Eingangsröhren. Wann sich Welpen und Elterntiere vor dem Bau oder in dessen Umgebung aufhalten, hängt offensichtlich eng mit Jagddruck und Störung zusammen.

In jedem Fall sind die erwachsenen Füchse während der Zeit der Jungenaufzucht vermehrt tagaktiv, sie müssen Futter für ihren Nachwuchs heranschaffen. Die Welpen, ebenso wie die erwachsenen Füchse bei meinem Bau, hatten eine ausgeprägte Aktivitätsphase am frühen Morgen bis spätestens gegen 9 Uhr, eine zweite Phase folgte am frühen Nachmittag, danach gab es wieder Aktivität ab etwa 16 bis 17 Uhr und natürlich ebenfalls während der Nachtstunden. Die Fähen säugten ihre Welpen auch vor dem Bau, und manchmal ruhte auch die gesamte Familie im Sonnenschein vor ihrem Unterschlupf. Sind die Welpen etwa vier Wochen alt, dann bringen die Eltern Beute zum Bau. Meist waren das bei dieser Fuchsfamilie Mäuse. Auf den Fotos war das oft schwer zu erkennen, denn eine einzelne Maus im Fang eines Fuchses ist kaum auszumachen. Ich konnte aber lange davor hie und da Füchse beobachten, die in kurzer Zeit einen ganzen Fang voller Wühlmäuse beisammenhatten. Dabei erinnere ich mich an zwei Füchse, die am Vormittag eine große Wiese durchstreiften, welche tags zuvor gemäht worden war. Die gefangenen Mäuse wurden am Rande der Wiese abgelegt. Das Beuteangebot war gut, und die Füchse begnügten sich nicht mit ein, zwei Mäusen, sondern jagten auch nach mehrfachem

Fähe mit Maus.

In der Zeit der Jungenaufzucht ist das Heranschaffen von Beute die große Herausforderung für die Elterntiere. Allein das plattgetretene Erdreich weist darauf hin, dass dieser Bau befahren ist.

Baukontrolle 18. Mai.

Hier erfolgt die Übergabe des Futters von der Fähe an die Jungen.

Baukontrolle 20. Mai.

Mitten am Nachmittag ist diese Fähe mit dem Geheck vor dem Bau. Durch das Spiel der Jungen ist die Vegetation niedergewalzt.

Baukontrolle 21. Mai.

Mittagsruhe am Fuchsbau. Wo die Füchse nicht gestört werden, ruhen und spielen sie auch tagsüber vor dem Bau.

Baukontrolle 25. Mai.

An der Milchbar. Obwohl es bereits Ende Mai ist, werden diese Welpen noch immer von der Fähe gesäugt.

Baukontrolle 26. Mai.

Hier betteln die Welpen um Futter. Auch wenn sie noch gesäugt werden, nehmen sie längst schon feste Nahrung zu sich.

Erfolg weiter. Am Ende der Jagd wurde die gesamte Beute eingesammelt und nach Hause getragen. Dabei habe ich bei einem der Füchse etwa acht Mäuse gezählt. In so einem Fall ergibt die gesammelte Strecke zwischen den Lefzen des Jägers dann jedenfalls ein sehr eindeutiges Bild.

Auch nachdem die Welpen bereits feste Nahrung zu sich nehmen, werden sie daneben noch von der Fähe gesäugt.

Spiel

„Das Spiel ist ein Schritt auf dem Weg zur Freiheit." – Jungfüchse entwickeln sich rasch, viel Zeit bleibt ihnen also nicht, um sich das notwendige Verhaltensrepertoire anzueignen, das sie später einmal bei der Jagd, bei Fortpflanzung oder Revierverteidigung benötigen. Spielen dient dem Erwachsenwerden. Es ist bei allen Säugetieren eine wichtige Voraussetzung, um Verhaltensweisen

zu schulen. Dabei werden Kämpfe simuliert, Rangordnungen festgelegt, es wird Jagdverhalten nachgeahmt und Sozialverhalten erlernt. Spielerisch wird geübt, trainiert, die Jugend erwirbt Fertigkeiten, und es werden ihr auch Manieren beigebracht oder Grenzen aufgezeigt. Beim Fuchs ist das insofern interessant, weil die Welpen in kurzer Zeit ein breites Lernprogramm zu bewältigen haben. Neue Studien unterstellen dem Rotfuchs dabei ein besonders rasches Auffassungsvermögen. Im Vergleich mit Wölfen schneiden Füchse dabei jedenfalls besser ab.

Meine Beobachtungen am Fuchsbau zeigen, dass die Welpen zunächst einmal besonderes Interesse an ihrer neuen Umwelt zeigen. Dabei geht es vorerst um die sinnliche Wahrnehmung: Riechen, Sehen, Hören, Fühlen, Schmecken, Beknabbern oder Beißen – besonders wenn die Zähne durchbrechen. Daneben geht es aber auch um die Koordination der Bewegungen. Die Jungen laufen, springen, klettern, purzeln durch die Welt.

Milchzahn-Erprobung.

Ähnlich wie junge Hunde kauen und beißen auch Jungfüchse gerne an allem Möglichen herum.

Baukontrolle 16. Mai.

Schon sehr früh wird unter den Welpen die Rangordnung festgelegt, in diesem Fall durch Beißen.

Baukontrolle 20. Mai.

Das Aufreiten ist ebenso ein Dominanzverhalten, das auch bei Erwachsenen noch auftritt. Das dominante Tier reitet auf.

In einer zweiten Phase tritt schließlich das Spiel mit den Geschwistern in den Vordergrund. Dabei geht es nun um Sozialkontakte, um die Festlegung von Hierarchien, die Welpen lernen Fuchsverhalten gegenüber ihren eigenen Artgenossen. Jetzt wird gebuckelt, um einen Angreifer abzuwehren, der eine reitet auf dem anderen auf, um Dominanz zu zeigen, spielerisch beißen sich die Jungen in den Rücken oder in den Halsbereich. Allein die Stellung der Gehöre und der Lunte hat hier Signalcharakter, auch die gesamte Körperhaltung. Ergänzt wird dies durch Lauern auf den anderen, Anspringen, plötzliches Lossprinten, Verfolgungsjagden, Überrumpeln und Kämpfen. All das sind Verhaltensweisen, die der Fuchs später einmal beim Jagen braucht. Dabei muss aber nicht nur ein Geschwister als Trainingspartner herhalten, ich konnte auch beobachten, wie Jungfüchse mit Fichtenzapfen als Ersatz gespielt haben. Dabei wurde der Zapfen immer wieder in die Luft geworfen, nur um ihn dann zu verfolgen und wieder einzufangen. Ich gestehe, dass dabei mein fotografisches Talent an seine Grenzen gestoßen ist, denn die Füchse waren dabei dermaßen flink und schnell, dass die Verschlusszeiten meiner Kamera immer wieder viel zu lang waren, um auch nur ein einigermaßen scharfes Bild zu erhalten. Solches Spielverhalten mit Gegenständen kann später manchmal sogar noch bei erwachsenen Füchsen beobachtet werden.

In einer dritten Phase lassen diese Spiele wieder etwas nach. Es gibt zwar immer noch Verfolgungsjagden, jetzt konnte ich die Jungfüchse aber oft einzeln rund um den Bau beobachten, wobei sie nun bereits die weitere Umgebung untersuchten. Die Welpen gehen Gerüchen oder Geräuschen nach. In der Umgebung dieses Baues waren die Welpen gegen Ende Mai oft allein unterwegs – auch tagsüber. Nun sind sie auf das Klicken der Kamera neugierig herangekommen, bei vermeintlicher Gefahr haben sie sich aber dennoch in den Bau zurückgezogen. Während die Welpen hier in Slowenien noch die weitere Umgebung ihres Wurfbaues durchstreiften, waren in diesem Jahr auf viel-

Straßentod.

Viele Jungfüchse überleben das erste Jahr nicht.

befahrenen Straßen bereits die ersten Jungfüchse zu Opfern des Verkehrs geworden.

Beobachtungen aus anderen Gebieten zeigen, dass die Familien spätestens Ende Mai umziehen oder zumindest den Bau verlassen. Oft werden dann auch Notbaue in Getreidefeldern angelegt – denn um diese Zeit bieten diese bereits ausreichend Deckung. Im Gegenteil dazu war ein Teil der Jungfüchse bei meinem Felsenbau aber auch zur Sommersonnenwende sowohl tags- als auch nachtsüber noch immer im Bau und in dessen Umgebung.

Wilddichten und Bestandesdynamik

Ein Großteil der Jungfüchse überlebt das erste Jahr nicht. Ältere Studien aus Ostdeutschland haben gezeigt, dass sich dort der Fuchsbestand alljährlich im Frühjahr verdreifachte. Im Durchschnitt fiel ein Junges während der ersten vier Wochen aus. Die durchschnittliche Lebenserwartung lag wegen der hohen Jungensterblichkeit bei zwölf bis fünfzehn Monaten. Nur wenige Füchse wurden älter als sechs Jahre. In jedem Jahr wurden rund zwei Drittel des Bestandes ersetzt. Dabei sprechen wir aber von Zeiten, in denen die Tollwut noch ein aktuelles Thema war.

Man nimmt an, dass Revierbesitzer länger leben. Füchse, die wandern, sind durch Verkehr und Jagd stärker gefährdet. Sie müssen auch mit schlechteren Revieren vorliebnehmen. Das Geschlechterverhältnis beim Zuwachs ist nach der Geburt noch ausgeglichen, verschiebt sich dann aber rasch zugunsten der Rüden. Die Auswertung von Jagdstrecken legt immer wieder nahe, dass unter erwachsenen Füchsen die Rüden überwiegen. In Polen weist man in dem Zusammenhang jedoch auf einen selektiven Effekt der Jagd am Luderplatz hin: Die Rüden sind angeblich mehr aktiv, und sie stecken weniger häufig in Bauen. Besonders im Winter zur Ranzzeit und während der Wanderphase trifft dies sicherlich zu.

Nicht nur Jagdstrecken, auch andere Erhebungsmethoden führen zu dem Schluss, dass die Rotfuchsbestände in Mitteleuropa während der letzten drei Jahrzehnte um ein Vielfaches zugenommen haben. Dabei gab es die stärkste Zunahme in den meisten Ländern Anfang der 1990er-Jahre. Meist wird dies in Zusammenhang mit der Impfung gegen die Tollwut gebracht: Mitte der 1970er- bis Ende der 1980er-Jahre konnte man um das Thema Tollwut in Mitteleuropa nicht herum, wenn es um die Bestandesdynamik beim Rotfuchs ging. Die Epidemie breitete sich Ende der 1930er-Jahre, ausgehend von Polen, nach Westen und Süden mit etwa 4,8 Kilometer/Monat aus und verringerte die Fuchsbestände massiv – lokal erloschen auch Fuchsbestände. In vielen Ländern erreichte die Seuche zwei Gipfel, während derer besonders viele Füchse verendeten. Aufgrund von Impfaktionen ist diese gefährliche Krankheit dann schließlich aus den meisten Ländern verschwunden, und die Fuchsbestände haben sich seit Anfang der 1990er-Jahre wieder rasch erholt. Der Anstieg der Jagdstrecken war danach innerhalb kurzer Zeit oft enorm. In Österreich wurden die Fuchsstrecken innerhalb weniger Jahre von rund 30.000 auf knapp 50.000 angehoben. Derzeit pendelt hier die jährliche Strecke zwischen 55.000 und 60.000 Füchsen jährlich. Vor der letzten Tollwutepidemie wurden im Durschnitt etwa 40.000 Füchse erlegt; wir liegen also heute deutlich darüber. Aus der Schweiz wird berichtet, dass die Strecken nach der Impfaktion um das Fünffache (!) angestiegen sind. In Deutschland gab es Streckenzunahmen um 300 Prozent. Aus Belgien wird für den Zeitraum nach der Tollwutimpfung gemeldet, dass die Anzahl der Füchse je Quadratkilometer um 300 Prozent zugenommen hat.

Doch ist dies alles nur auf die erfolgreiche Bekämpfung der Tollwut zurückzuführen? In Großbritannien gab und gibt es die Krankheit nicht; die Engländer berichten dennoch von einer Zunahme der Fuchsdichten um 400 Prozent von 1960 bis 1990, die Schotten nehmen an, dass sich die Dichte in diesem Zeitraum verdreifacht hat. Insgesamt geht man davon aus, dass die Fuchsbestände in Europa etwa seit den 1930er-Jahren anzusteigen beginnen. Die Tollwut hat diese Entwicklung zwar unterbrochen, aber abgesehen von der fast sprunghaften Zunahme am Anfang der 1990er-Jahre hat der Trend nach oben schon viel früher begonnen. Das heißt, allein mit dem Erlöschen der Tollwut kann die Bestandeszunahme auf das heutige Niveau nicht erklärt werden.

Abgesehen vom Wegfall der Konkurrenz durch größere Raubtiere, dem Ende der Tollwutepidemie sowie einem erhöhten Nahrungsangebot sehe ich in den letzten Jahrzehnten drei große Veränderungen, welche Einfluss auf die Dynamik der Rotfuchsbestände haben. Zum einen ist da die Besiedlung von urbanen Räumen bis mitten in das Zentrum von Städten. Siedlungsgebiete und Städte bieten Wildtieren heute zunehmend mehr Lebensraum. Hier sind die Dichten sehr hoch. Zum zweiten sind es gravierende Veränderungen in unserer Kulturlandschaft. Und dann ist da in Mitteleuropa ebenso wie in Skandinavien und weiten Teilen Nordrusslands die Forstwirtschaft. Ihr Einfluss auf die Wildtierpopulationen in ursprünglichen Waldländern wird meist unterschätzt, oft bleibt er völlig unberücksichtigt. Dabei geht es jedoch um riesige Flächen. Allein deren Er-

Warum gibt es heute so viele Füchse?
Die Gründe: keine Konkurrenz durch größeres Raubwild, Ausschaltung der Tollwut, gutes Nahrungsangebot in unserer Kulturlandschaft, intensive Forstwirtschaft mit dichtem Wegenetz und großflächigen Nutzungen, geringer Jagddruck.

schließung durch ein Wegenetz hat hierbei schon große Auswirkungen. Besonders deutlich vor Augen geführt wird einem dies in Osteuropa sowie in Finnland und Skandinavien. In den letzten vierzig, fünfzig Jahren hat sich der Rotfuchs im europäischen Russland aus der südlichen Taiga bis weit in die Tundrazone ausgebreitet. Die Russen führen dies auf die Fragmentierung der Wälder sowie den Anteil von Wald- und Offenflächen zurück. Der Fuchs liebt die Übergangsbereiche. Der Einfluss des Menschen auf den Lebensraum Wald hat hier nach Studien russischer Wissenschaftler eine Zunahme der Fuchsbestände und eine Ausweitung der Lebensräume in der Taiga zur Folge. Finnische Untersuchungen bestätigen diesen Trend. Sie betonen: Es gibt immer weniger alten Wald! Wirtschaftswälder mit einem hohen Anteil an Jungwald ebenso wie landwirtschaftlich genutzte Flächen dazwischen stehen in engem Zusammenhang mit der

Dichte von Fuchsnachweisen. Die Zunahme von anpassungsfähigen Prädatoren in fragmentierten Wäldern stellt heute ein Problem bei der Erhaltung ehemals typischer Waldlebensgemeinschaften dar. Der Fuchs ist hier eine der Schlüsselarten.

Eine eingehende Studie zur Entwicklung der Fuchsbestände im Kulturland kommt aus Polen. Dort verfolgte man die Entwicklung der Fuchsdichten in einem Untersuchungsgebiet von 1980 an bis 2006 – also vor und nach Tollwutepidemie und Impfung. Die Impfung wurde in Polen 1993 durchgeführt. Um den Trend nachzuweisen wurden drei verschiedene Methoden angewendet: Ausfährten bei Spurschnee im Winter, Kartierung und Beobachtung der Wurfbaue, Zählungen aus dem Auto mittels Scheinwerfertaxation. Alle drei Methoden sind über fünfundzwanzig Jahre zum Einsatz gekommen, und sie führten zu ein und demselben Ergebnis: Die Bestände haben nach der Tollwutbekämpfung signifikant zugenommen! Das ist keine Überraschung, interessant sind hierbei die Details. Die durchschnittliche Zahl der Welpen je Bau verringert sich nach dem Tollwutprogramm zwar um 11 Prozent, aber insgesamt gibt es heute deutlich mehr Wurfbaue. Wobei die Polen darauf hinweisen, dass es in der ersten Hälfte der Untersuchungsperiode kaum einen Bau außerhalb des Waldes gegeben hat. Selbst in Revieren mit geringem Waldanteil waren die Wurfbaue eigentlich immer im Wald. In der zweiten Periode liegt knapp ein Viertel der Wurfbaue außerhalb von Wäldern. Die Füchse haben ihr Verhalten also erkennbar verändert, sie nutzen heute Agrarland für die Anlage von Wurfbauen und Welpenaufzucht. Licht ins Dunkel brachte auch die Scheinwerfertaxation. Sie zeigt, dass im Untersuchungsgebiet nomadisierende Füchse ein wesentlicher Bestandteil des Winterbestandes sind. Einwanderer kreisen in und um besetzte Reviere, ihre Tagesverstecke liegen vor allem im Wald, sie nutzen aber kaum die vorhandenen Baue. Mittels Scheinwerfertaxation werden diese Füchse am besten erfasst. Die Polen geben an, dass die Einwanderer in ihrem Untersuchungsrevier einen wichtigen Teil des lokalen Bestandes im Herbst und Winter ausmachen. Ähnliche Beobachtungen gibt es auch aus Großbritannien und Deutschland. Womit wir zum Einfluss der Jagd auf die Bestandesdynamik kommen.

Einfluss der Jagd

Das polnische Versuchsrevier war 8.900 Hektar groß. Nachdem sich der Bestand wieder erholt hat, wurde geschätzt, dass dort rund 80 Füchse leben. Erlegt wurden dann im Winter jährlich durchschnittlich 64 Füchse. Man würde annehmen, dass eine so hohe Strecke diesen Fuchsbestand verringert. Tatsächlich blieb er in jedem nachfolgenden Winter stabil oder nahm sogar leicht zu. Auch die Zahl der Wurfbaue im Frühling nahm über die Jahre zu. Offensichtlich wurde der Ausfall über Zuwanderer leicht wieder wettgemacht. Die Polen schließen daraus: Nur auf ein paar Dutzend Quadratkilometern ist eine erfolgreiche

Wie wirksam ist eine scharfe Fuchsbejagung?

Polnische Studien belegen es: Eine Reduktion durch Bejagung erreicht man nur auf Flächen von mehreren tausend Quadratkilometern!

Reduktion eines Fuchsbestandes über die Jagd nicht möglich. Vor allem, wenn der Jagddruck in angrenzenden Revieren gering ist. Ein Grund ist die hohe Rate an abwandernden Jungfüchsen. Wenn über die Jagd wirklich reduziert werden soll, dann müsste dies auf Flächen von einigen hundert oder mehreren tausend Quadratkilometern geschehen.

Die Fuchsbestände haben sich nach der Tollwutepidemie also rasch wieder erholt, die nachfolgende Bestandesentwicklung hängt aber sicher auch mit nachlassendem Jagddruck, ausreichend Nahrungsangebot und der Besiedlung von neuen Lebensräumen zusammen. Dabei sind Füchse immer mehr in urbane und suburbane Räume vorgedrungen. Wenn also die Jagdstrecken während der letzten zehn bis fünfzehn Jahre in etwa gleichbleiben, dann steht in Frage, ob sie die tatsächliche Bestandesentwicklung wiederspiegeln.

Um die Jahrtausendwende gab es in Polen in manchen Teilen des Landes Fuchsdichten von 1,3 bis 2 Individuen/100 Hektar. Von den Stadtfüchsen einmal abgesehen, sind diese Dichten enorm hoch. Schon früh wusste man, dass sich ein Fuchsbestand nach einer Tollwutepidemie innerhalb von maximal sieben Jahren wieder völlig erholt. Studien über Bestandesdynamik und Wilddichte wurden vor allem nach den Impfaktionen während der 1980er- und 90er-Jahre durchgeführt. Man wollte damals herausfinden, wie sich die Bestände nach erfolgreicher Eindämmung der Seuche entwickeln. Eine dieser Studien gibt es aus dem Landkreis Garmisch-Partenkirchen in Bayern. Dabei wurden durchschnittliche Dichten von 0,74 Füchsen je Quadratkilometer festgestellt – leichter kann man sich etwas vorstellen, wenn man von einem Fuchs auf rund 135 Hektar spricht. Die Dichten im Frühjahr waren im abwechslungsreichen Hügelland im Norden des Landkreises jedoch dreimal so hoch wie im gebirgigen südlichen Landesteil: Im Norden kam ein Fuchs auf 56 Hektar, im Süden war es einer auf 170 Hektar. Durchschnittlich wurden im Norden 5 Welpen gewölft, hier kam ein Wurfbau auf 128 Hektar. Im Süden waren 4,5 Welpen in einem Wurf, und ein Wurfbau kam auf 400 Hektar. Diese Dichteangaben für den ländlichen Bereich im Norden waren ähnlich hoch wie jene in englischen Städten! Dennoch hat man damals festgestellt, dass die Fuchsbestände damit noch nicht die Lebensraumkapazität voll ausgeschöpft hatten. Mittlerweile sind vor allem Dörfer, Klein- und Großstädte von Füchsen neu besiedelt worden, und die Dichten sind dort deutlich höher als im Offenland.

Phänomen Stadtfuchs – längst kein Ausnahmefall mehr

Genaugenommen ist es eigentlich kein Phänomen, das nur auf den Fuchs zutrifft. Ob Wildschweine, Turm- und Wanderfalken, Dachse, Weißwedelhirsche, Elche, Bären, Waschbären, Kojoten, Leoparden, Paviane oder Alligatoren – Wildtiere in Städten sind heute weltweit ein Thema.

Füchse leben derzeit in Siedlungsräumen mitten unter uns. Vor allem in vielen Großstädten haben sich eigenständige Fuchsbestände etabliert. Die Füchse halten sich dort das ganze Jahr über auf und verlassen die Stadt nicht. Wichtig sind dabei in jedem Fall Grüngürtel, locker bebaute Randzonen, Gärten, Friedhöfe, Parkanlagen und Industriebrachen. In Dörfern und Kleinstädten leben die Füchse nicht dauerhaft im Siedlungsraum, sie nutzen diesen aber heute regelmäßig mit.

Stadtfüchse wurden erstmals vor allem durch David Macdonald und seine „Fuchstruppe“ bekannt, sie forschten um 1980 in Oxford zu diesem Thema. Etwa zur selben Zeit wurde auch in der englischen Stadt Bristol mit der Forschung über Füchse in der Stadt begonnen, später kam dann noch London dazu.

Das Phänomen Stadtfuchs erregte Aufmerksamkeit bei den Wildbiologen. Besonders die enorm hohen Wilddichten waren neu. In Bristol zählte man etwa 211 Familiengruppen mit über

700 erwachsenen Tieren, die jährlich rund 900 Welpen zur Welt brachten! Die Reviere der Fuchsfamilien waren dementsprechend klein. Für Bristol errechnete man knapp 30 Hektar, für Oxford knapp 40 Hektar. Neben den Revierbesitzern gab und gibt es viele revierlose Füchse, die dazwischen wandern. Heute weiß man, dass in den Vororten von London bereits in den 1950er-Jahren Füchse gelebt haben, tatsächlich begonnen hat diese Entwicklung aber bereits in den 1930er-Jahren. Derzeit gibt es kaum eine größere Stadt, die nicht ihre Fuchspopulation hat. Das gilt sowohl für die Britischen Inseln, wie auch für Europa und weite Teile Nordamerikas. Während in Mitteleuropa die Besiedelung nach Eindämmung der Tollwut rasch erfolgte, trifft dies mit etwas Verzögerung heute auch für baltische und skandinavische Städte zu. In Estland sind zum Beispiel derzeit zwei Drittel aller größeren Städte von Füchsen besiedelt.

In der Schweiz ist die Entwicklung besonders gut dokumentiert. Dort geht man davon aus, dass mittlerweile in jeder größeren Stadt Füchse leben. Bereits um das Jahr 2000 waren in 28 der 30 größten Schweizer Städte Füchse daheim. Wurfbaue konnten damals schon in zwanzig Städten nachgewiesen werden – auch mitten in Stadtzentren. Allein in Zürich schätzt man den gegenwärtigen Bestand auf rund 1.200 Füchse und nimmt an, dass derzeit mindestens 10 Füchse auf 100 Hektar im Stadtgebiet leben. Es gibt dort Familiengruppen mit rund 30 Hektar großen Revieren. Dabei verläuft der Trend im Kanton Zürich und in der Stadt Zürich in den letzten Jahrzehnten parallel. Vor 1985 gab es in Zürich allerdings kaum Füchse, damals beschränkte sich das Vorkommen nur auf Randgebiete der Stadt. Zwei Jahre nach dem letzten Tollwutfall – das war im Jahr 1983 – begann der Zürcher Rotfuchsbestand anzuwachsen. In nur zwölf Jahren hat sich dann der Abgang bestehend aus Jagdstrecke und Fallwild um das Zwanzigfache (!) erhöht.

Die Situation in Kontinentaleuropa ist heute dieselbe wie in Großbritannien. Im urbanen Raum sind die Dichten deutlich

Futterzahmheit.
Ob in der Stadt, auf dem Land oder auch in der Nähe von Berghütten: Vor allem Jungfüchse lernen schnell und verlieren in kurzer Zeit die Scheu vor dem Menschen.

höher als in ländlichen Gebieten. Dorf und Stadt sind als Lebensräume für den Rotfuchs also mittlerweile längst keine Nebenschauplätze mehr. Hier kommen Wildtier und Mensch immer häufiger in Kontakt miteinander. Doch damit steigt auch wieder die Gefahr der Krankheitsübertragung. Irgendwie erinnert das an die Tollwutepidemien im vorigen Jahrhundert. Tatsache ist, dass die Tollwut aus den meisten Ländern Europas verschwunden ist, doch an ihre Stelle treten heute in Mitteleuropa andere Krankheiten oder Parasiten, die vom Rotfuchs übertragen werden. Einer dieser Parasiten ist der Kleine Fuchsbandwurm *(Echinococcus multilocularis)*. Für den Fuchs als Hauptwirt ist dieser Parasit kaum schädlich, der Mensch ist eigentlich ein Fehlzwischenwirt. Bei ihm können die Larven dieses Bandwurms das Lebergewebe zerstören. Symptome können oft erst nach Jahren auftreten, doch wird der Befall nicht erkannt, dann verläuft die Krankheit tödlich. Was also tun mit Füchsen und Parasiten, die dem Menschen gefährlich werden können? In diesem Fall lautet die Strategie nicht „Impfen“, sondern „Entwurmen“. Heute gibt es in Süddeutschland bereits Entwurmungsaktionen. Dabei werden ähnlich wie bei der Vorbeugung gegen Tollwut Köder aus dem Flugzeug abgeworfen, gleichzeitig aber auch Köder in Siedlungen und Gärten ausgelegt. Im Gegensatz zur Tollwutbekämpfung ist das regelmäßige Ausbringen von Ködern notwendig, weil sich Füchse über infizierte Feldmäuse wieder anstecken können. Wird das über längere Zeit durchgeführt, dann sollte damit der Kreislauf auf Dauer unterbrochen werden.

Die Übertragung von Parasiten oder Krankheiten ist die eine Seite, wenn es um Wildtiere in der Stadt geht, der nahe Kontakt mit dem Wildtier wirkt sich aber auch auf die Beziehung zwischen Mensch und Tier aus. Wenn ein sonst scheues Wildtier im Garten, an der Bushaltestelle oder auf dem Fabrikgelände auftaucht, dann kann man das nicht einfach übergehen, sondern ist gefordert, sich damit auseinanderzusetzen. Dabei entsteht bei vielen ein neuer Zugang zum Wildtier. Wildtierbeobachtung wird vor der Haustür möglich. Füttern zählt leider immer wieder zu den Lieblingsbeschäftigungen. Auch Konflikte bleiben dabei nicht aus. Das Tier rückt näher, Naturschutzverbände fordern dazu auf, den Lebensraum mit ihm zu teilen. Gibt es Probleme oder Schäden, dann werden Füchse gefangen oder getötet. Das erfordert heute Argumente, Information und Aufklärung, ebenso wie die Auseinandersetzung mit dem Tod und dem Töten. Schweizer Wildhüter geben dazu an, dass Stadtbewohner durchaus Verständnis dafür aufbringen, wenn sie informiert werden und den Sinn erkennen. Vielleicht ist das ein Schritt zu einem besseren Verständnis auf ganz unterschiedlichen Ebenen. Sicher ist jedenfalls, damit wird ein neues Kapitel in der Geschichte zwischen Mensch und Wildtier geschrieben.

KURZ & BÜNDIG

- Füchse lassen sich in ihrem Sozialverhalten nicht auf ein einfaches Schema reduzieren. Ein Grundmuster gibt es jedoch schon: Rüde, Fähe und Welpen bewohnen ein gemeinsames Revier. Der Rüde ist jedenfalls Teil der Familie!
- Der Fuchsbau steht vor allem zur Zeit der Welpenaufzucht im Mittelpunkt des Fuchslebens, dann erst wieder in der Ranzzeit.
- Die Fuchswelpen werden meist zwischen Ende März und Mitte April geboren. Sie sind Nesthocker und kommen blind zur Welt. Nach zehn Tagen öffnen sie die Augen, bald darauf erscheinen sie vor dem Bau. Bis etwa Ende Juni bleiben sie in der Umgebung des Baues. Mit rund einem halben Jahr sind sie erwachsen, und im Herbst geht ein Großteil von ihnen auf Wanderschaft. Vor allem die jungen Rüden wandern ab und machen sich auf die Suche nach einem eigenen Revier.
- Jungfüchse erreichen in ihrem ersten Herbst die Geschlechtsreife. Die Ranz geht von Anfang Jänner bis Ende Februar. Die Fähe wölft nach ungefähr 50 Tagen drei bis sechs Junge.
- Die höchsten Dichten erreichen Füchse heute in Stadtgebieten. Hier sind Reviere von Fuchsfamilien oft nur knapp 30 Hektar groß.
- Es gibt heute kaum eine größere Stadt in Mitteleuropa, in der Füchse nicht vorkommen.

Viertes Kapitel:

Nahrungsspektrum: Kein Kostverächter

Über das Nahrungsspektrum von Rotfüchsen ist bereits einiges in die vorhergehenden Kapitel eingeflossen. In Zusammenhang damit möchte ich aber wieder einmal um ein paar Jahrhunderte zurückgehen. Auch Martin Strasser von Kollnitz, der fürst-erzbischöfliche Jägermeister aus Salzburg, hat in seinem Jagdbuch bereits ausführlich über den Fuchs geschrieben. Er kommt nach den üblichen Hinweisen auf die weite Verbreitung und auf die Listigkeit dieses Wildes gleich auf die vielen unterschiedlichen Nahrungsquellen zu sprechen – und fängt dabei zunächst mit den Früchten von Bäumen und Sträuchern an. Dazu kommt Geflügel, dann zählt Strasser auch Fische, Krebse und Mäuse auf, ebenso wie Hasen, Katzen und Kaninchen. Strasser weist auch auf Aas hin und führt zudem die noch warme Losung von Rotwild sowie Abfälle hinter den Ställen an. Die Beschreibung stammt etwa aus der Zeit um 1630. Damit ist viel gesagt, aber lange nicht alles.

Mit zum Erfolgsgeheimnis dieser Wildart gehört die außergewöhnlich breite Nahrungspalette, welche der Rotfuchs nutzt. Das Spektrum reicht vom Regenwurm über die Rötelmaus bis zum Reh und von der Haselnuss bis zum Haselhuhn. Füchse gehören zwar zu den Raubtieren, aber eigentlich sind sie Allesfresser. Das breite Nahrungsspektrum ist ein Grund für die außerordentlich weite Verbreitung dieser Tierart, gleichzeitig ermöglicht es auch hohe Dichten, weil der Nahrungsbedarf über verschiedenste Quellen auf kleinem Raum gedeckt werden kann – in mitteleuropäischen Kulturlandschaften und Siedlungsräumen ganz offensichtlich immer besser.

Entsprechend dem Angebot ist der Anteil an pflanzlicher Nahrung vor allem im Sommerhalbjahr hoch, besonders Obst und Beeren dominieren, im Winterhalbjahr überwiegt der Anteil an Fleisch. Mit Hilfe von Losungsuntersuchungen konnten in einer Studie aus Oxford 81 verschiedene Nahrungsquellen nachgewiesen werden, darunter 14 verschiedene Säugetierarten, 14 verschiedene Früchte und Vögel aus fünf verschiedenen Familien. Die Zusammensetzung der Nahrung änderte sich monatlich ebenso wie über die Jahreszeiten. Im Spätwinter überwogen kleine Säugetiere und Kaninchen, von April bis Juni Vögel, Früchte wurden im Herbst bevorzugt. Während der Anteil an Käfern, Larven oder Vögeln je nach Angebot stark schwankte, wurden Tauben, Kaninchen und Mäuse ganzjährig genommen. Eine Studie aus Missouri belegt sogar 34 verschiedene Säugetierarten, 14 Vogelarten, 15 verschiedene Insektenfamilien und 21 Pflanzenarten. Der Rotfuchs ist jenes Mitglied aus der Hundefamilie, welches die größte Palette an Nahrungsquellen nutzt! Gerade dieses breite Spektrum erschwert oft die Interpretation, wenn es um die Auswirkungen auf Beutetierbestände geht – man sollte also aufpassen, wenn Ergebnisse aus einem Lebensraum auf einen anderen übertragen werden.

Hunger ist für ein Tier, das sich von fast allem ernähren kann, kein wirklich ernstes Problem, dennoch zeigen Untersuchungen, dass viele Fuchsmägen leer sind. Es wurde bereits erklärt, dass ein Fuchs nicht viel mehr als 500 bis 600 Gramm aufnehmen kann. Die täglich benötigte Futtermenge liegt jedoch eher darunter. Man geht von 350 bis 500 Gramm aus, das wären etwa 15 bis 20 Mäuse. Untersuchungen an Füchsen im Saarland zeigten, dass bei einem Fünftel der Füchse im Sommer und bei einem Drittel der Füchse im Winter die Mägen leer waren. Selten sind Füchse also mit vollem Magen unterwegs. Nur wenn sie wirklich hungrig sind, wird viel auf einmal gefressen, ansonsten nehmen sie öfter da und dort eher wenig, über die Zeit verteilt. Das bringt auch Vorteile, wenn es um Beweglichkeit bei der Jagd oder bei der Flucht geht. Am höchsten ist der Nahrungsbedarf im Herbst, denn dann werden Fettreserven für den Winter aufgebaut. Im Spätherbst sind Füchse demnach am schwersten im gesamten Jahreslauf, im Sommer ist das Körpergewicht am geringsten.

Rehkitze als alternative Beute in Skandinavien

Die ausführlichsten Studien zum Einfluss von Füchsen auf den Nachwuchs von Rehen kommen aus Skandinavien. Die Norweger und die Schweden haben viele Jahre lang über dieses Thema gearbeitet, und die Ergebnisse sind mehr als nur spannend – eine vorbehaltslose Übertragung auf andere Länder ist jedoch nicht angebracht.

Generalisten wie Füchse nutzen ein breites Beutespektrum, dennoch gibt es je nach Lebensraum bevorzugte Beutetiere. Fest

Wenige Tage altes Rehkitz.

Vor allem skandinavische Untersuchungen zeigen, dass dort Rehkitze zur Zeit der Welpenaufzucht ein wesentlicher Bestandteil der Fuchsnahrung sein können.

steht: Füchse sind erfolgreiche Wühlmausjäger. Mäuse zählen eindeutig zu den bevorzugten Beutetieren. Aber mit dem Hinweis auf die besonders beliebte Maus ist bei einem so flexiblen Raubtier wie dem Fuchs längst nicht alles erklärt. Was geschieht also, wenn die Zahl der Mäuse so wie in Skandinavien in einem Rhythmus von drei bis vier Jahren schwankt? Einfache Antwort: Dann schwenken die Füchse auf alternative Beute um, wie zum Beispiel Rehkitze. Über einen Beobachtungszeitraum von knapp dreißig Jahren wiesen Forscher im Revier Grimsö in Schweden nach, dass die Zahl der Rehkitze parallel mit der Zahl der Wühlmäuse schwankte. In guten Mäusejahren kamen deutlich mehr Rehkitze durch. Rehkitze stellen im Norden also eine alternative Beute für die Rotfüchse dar. Ähnliche Zusammenhänge erkannte man auch in Nordamerika. Kojoten schwenkten in schwachen Wühlmausjahren auf Kälber von Maultierhirschen um, Luchse von Schneeschuhhasen auf Rentierkälber. Raubtiere weichen also auf alternative Beute aus.

Damit ist aber noch wenig über das Ausmaß gesagt, welches ein Raubtier auf Entwicklung und Dynamik der Bestände von Beutetieren hat. Einen ersten deutlichen Hinweis auf den Druck, den Füchse auf die Zuwachsraten beim Reh erzeugen können, erhielten die Schweden nach Ausbruch der Fuchsräude. Durch den Milbenbefall haben sich die Fuchsbestände bedeutend verringert. Die Folge davon: stark ansteigende Rehwildbestände. Die schwedischen Forscher führen dies auf hohe Überlebensraten bei den Rehkitzen zurück, ja sie gehen sogar so weit, dass sie die starke Ausbreitung der Rehe in Schweden während der 1980er- und 1990er-Jahre mit der Räudewelle bei den Füchsen in Zusammenhang bringen. Fazit der Schweden: Offensichtlich haben es die Füchse davor geschafft, den Rehwildbestand so niedrig zu halten, dass die Rehe die mögliche Lebensraumkapazität nicht völlig ausgeschöpft haben. Der Einfluss der Füchse auf den Zuwachs beim Reh war demnach also nicht kompensatorisch, sondern additiv.

Nun wissen wir aber noch immer nicht, was dies in Zahlen bedeutet. Hierzu gibt es sowohl aus Schweden wie auch aus Norwegen gute Grundlagen; wobei ich hier aber nochmals darauf hinweisen möchte, dass diese Daten nicht so einfach von einem auf ein anderes Gebiet übertragen werden können. Gut herausgearbeitet haben das die Norweger. Sie haben zwei sehr unterschiedliche Lebensräume miteinander verglichen: Boreale Wälder mit insgesamt geringem Beuteangebot im Norden wurden abwechslungsreicher Agrarlandschaft mit hohem Nahrungsangebot im Süden gegenübergestellt. Ergebnis: Im Süden haben die Füchse 25 Prozent aller Rehkitze, die mit Radiotelemetriesendern versehen waren, gerissen – im Norden hingegen waren es nur 13 Prozent, also halb so viel. Dabei haben sich die Füchse im Süden kurzzeitig richtiggehend auf Rehkitze spezialisiert. Interpretiert wurde dies aufgrund von Angebot und Nachfrage, also nach Fortschreiten der Setzzeit – sprich Angebot – und Anzahl von Kitzen, die von Füchsen erbeutet wurden. Dabei stellte sich heraus: Noch bevor der Höhepunkt der Setzzeit erreicht war, haben die Füchse auf Reh umgestellt. Die offene Landschaft erleichtert hier Jagd und Suche nach Kitzen. Im Norden waren die Füchse eher Generalisten. Der Anteil der Rehkitze am Beutespektrum fällt hier mit dem Gipfel der Setzzeit genau zusammen. Vereinfacht richtet sich im Norden die Nachfrage nach dem Angebot, im Süden geht die Nachfrage dem Angebot voraus. Auch wenn daneben das Nahrungsspektrum immer noch außerordentlich vielfältig ist, kann demnach aus einem Generalisten kurzfristig dennoch ein Spezialist werden. Kleinsäuger haben nach wie vor ein Drittel des gesamten Beutespektrums zu der Zeit ausgemacht, Rehkitze im Süden nur ein Viertel davon. Im Sommer schwenken dann die skandinavischen Füchse lieber auf Beeren und Insekten um. Diese sind viel leichter einzusammeln. Größere Beute ist generell vor allem zur Zeit der Welpenaufzucht gefragt. Auf diese Weise kann die Fähe effektiv für Nachschub sorgen. Nachweise von

Rehkitz und Gamslauf vor dem Fuchbau.

Das Kitz ist Anfang Juni vermutlich vom Fuchs erbeutet worden, der Gamslauf dürfte von einem Stück Fallwild stammen.

Rehkitzen wurden dementsprechend auch viel häufiger in der Losung von Welpen gefunden.

Machen wir einen Schwenk von Norwegen in den Süden von Schweden. Hier gab es deutlich höhere Verluste durch den Fuchs bei Rehkitzen. Diese Ergebnisse sind besonders wertvoll, weil sie aus einer Langzeitstudie stammen, die über vierzehn Jahre gedauert hat. In diesem Zeitraum wurden rund 230 Kitze markiert und mit kleinen Radiotelemetriesendern versehen. Die Kitze waren dabei im Durchschnitt eine Woche alt. 42 Prozent dieser markierten Kitze wurden erbeutet, knapp 90 Prozent davon vom Rotfuchs. Das ist die höchste Erbeutungsrate, die bisher nachgewiesen wurde. Hier könnte man auf den Einfluss der Sender hinweisen. Möglich, dass es hier einen Zusammenhang mit der enorm hohen Ausfallsrate gegeben hat. Die Ausfälle waren aber nicht jedes Jahr gleich hoch. Die Bedeutung des Fuchses wird hier durch den engen Zusammenhang zwischen der jährlichen Überlebensrate der Kitze mit den jeweiligen Fuchsdichten untermauert.

Dabei streichen die skandinavischen Forscher eine Besonderheit hervor: Es gibt keinen stabilisierenden Effekt in dieser Räuber-Beute-Beziehung! Das heißt, die Wunschvorstellung vom „ökologischen Gleichgewicht“ war nicht gegeben. Demnach sollte sich ja das Gleichgewicht zwischen Räuber und Beute von selbst einpendeln: Gibt es weniger Rehe, dann wird das Nahrungsangebot für die Füchse geringer, womit dann die Fuchsbestände abnehmen und die Rehbestände wieder ansteigen. Nur: So einfach funktioniert das nicht, schon gar nicht bei einem anpassungsfähigen Generalisten. Weniger Füchse bedingen zwar eine höhere Überlebensrate bei den Rehkitzen, aber es ist nicht das „Angebot" an Kitzen, welches die Fuchsbestände reguliert.

Rehkitze sind nur kurze Zeit im Jahr eine attraktive Beute für Füchse in Skandinavien. In vielen Fällen ist das Rehkitz für den Fuchs eine Alternative in schlechten Mäusejahren. Als Generalist kann er auf ein unterschiedliches Beuteangebot reagieren, indem er eben auf Alternativen ausweicht. Für das Beutetier – in diesem Fall die Rehe – kann der Feinddruck durchaus von Bedeutung sein, umgekehrt muss dies jedoch nicht für den Fuchs zutreffen. Auf die Bedeutung von Rotfüchsen für die Raufußhuhnbestände kommen wir noch. Die bisher dargestellten Ergebnisse verdeutlichen aber bereits, dass der Fuchs eine der Schlüsselarten in borealen Ökosystemen sein kann – und nicht nur dort.

Nebenbei sei hier noch ein Versuch erwähnt, der vielleicht etwas sonderbar anmutet, aber eigentlich gar nicht so weit hergeholt ist, wenn es um den Umgang mit Schalenwildbeständen geht, die bejagt werden. Aufgrund der hohen Ausfallsrate bei den Rehen kam in Skandinavien natürlich die Frage auf, was man denn tun könne, um den Raubfeinddruck zu verringern und die Jagdmöglichkeiten zu verbessern. Mit einem Satz: „Wenn der Fuchs weniger Rehkitze frisst, dann könnten Jäger mehr Rehe erlegen." Was also tun? Fuchsjagd während der Welpenaufzucht wird sehr kontrovers diskutiert und ist zudem in Skandinavien verboten. So kam man auf die Idee, die Füchse kurzfristig während der Setzzeit zu füttern – Sie haben richtig gelesen! Der Fütterungsversuch war jedoch ein wissenschaftliches Freilandexperiment. Über zwei Jahre wurde also auf einer Fläche von 6.500 Hektar so nah wie möglich im Umfeld der Wurfbaue Futter ausgelegt. Dazu wurde der Nachwuchs bei radiotelemetrisch markierten Rehen im selben Umkreis ermittelt. Ergebnis: Auch wenn Füchse das zusätzliche Nahrungsangebot gefunden und genutzt haben, gab es keine höheren Nachwuchsraten bei den Rehen. Die Schlussfolgerung der Schweden: Füchse während der Setzzeit zu füttern, ist keine gute Lösung…

Bei der Gruppe der Säugetiere reicht das Beutespektrum des Rotfuchses von der Spitzmaus bis zum erwachsenen Reh. Größere Säugetiere werden vom Fuchs nicht selbst erbeutet, er nutzt aber darüber hinaus auch Beutereste von Wolf oder Bär, Straßenfallwild, verwundete, kranke, angeschossene oder bereits verendete Tiere. Einzuschränken ist dabei, dass auch erwachsene Rehe nur unter bestimmten Voraussetzungen erbeutet werden können – jede gesunde Rehgeiß kann einen Fuchs, der es auf ihr Kitz abgesehen hat, vertreiben. Gute Voraussetzungen für den Fuchs bietet eine hohe Schneeschicht, die ihn trägt, das Reh aber nicht. Ich habe solche Rehrisse nur sehr selten gefunden, vielleicht waren diese Rehe zudem schon stark geschwächt. Aufgrund des Spurbildes im Schnee war dabei meist nachzuvollziehen, dass der Fuchs das Reh über eine längere Strecke

Fallwild oder Riss? Ob dieses Reh vom Fuchs gerissen worden ist, lässt sich feststellen, indem man die Decke vom Träger schärft. Gibt es dort viele kleine Einbisslöcher, war es der Fuchs.

gejagt hat. Haarbüschel und Schweiß im Schnee ließen erkennen, dass Räuber und Beute mehrfach Kontakt hatten, dass der Fuchs aber nicht in der Lage war, das Reh beim ersten Mal zu greifen und zu töten. In der Regel zieht sich diese Jagd so lange hin, bis das Reh völlig erschöpft ist und nicht mehr flüchten kann. Das kann sogar mit Pausen über mehr als einen Tag sein. Doch selbst dann ist der Fuchs nicht in der Lage, einen gezielten Tötungsbiss anzubringen, sondern er muss immer wieder zubeißen. Diese vielen Bisse sind typisch für den Fuchs, und seine nadelspitzen Eckzähne erzeugen dabei im Gegensatz zu anderen Raubtieren ein charakteristisches Bild, anhand dessen man den Fuchs leicht nachweisen kann. Wird die Decke vom Träger des Rehes geschärft, dann sieht man auf der Innenseite aufgrund der vielen Bisse ein Muster, das beinahe einem Schrotschuss gleicht. In unseren Breiten erregt das vielleicht da und dort Aufsehen, aber es sind seltene Ausnahmen!

Wer wissen will, ob ein Riss von Fuchs, Luchs oder Hund stammt, der sollte demnach die Decke des Rehes abschärfen. War es wirklich der Fuchs, dann gibt es im Trägerbereich viele kleine Einbisslöcher, die besonders an der Innenseite der Decke gut zu erkennen sind. Ein weiterer Hinweis auf den Fuchs ist auch ein fehlendes Haupt. Füchse trennen Körperteile ab, um sie wegzutragen – womit jedoch nicht gesagt ist, dass der Fuchs das Tier auch getötet hat.

KURZ & BÜNDIG

- Reh und Fuchs sind Kulturfolger, die von der gegenwärtigen Landnutzung in Mitteleuropa profitieren.
- In Skandinavien machen Rehkitze in manchen Jahren einen beträchtlichen Anteil der Fuchsbeute aus. Bei uns dürften Rehkitze keine so große Rolle spielen.

Fuchs und Hase

Was für Rehkitze zutrifft, das gilt auch für Rebhühner, Raufußhühner, Fasan oder Hase: Diese Beutetiere müssen nicht unbedingt von großem Belang für den Fuchs sein – meist machen sie am gesamten Beutespektrum sogar nur einen sehr geringen Anteil aus. Umgekehrt kann der Fuchs aber von ziemlich großer Bedeutung für die Bestände dieser Tierarten sein. In Südengland wurden zum Thema Niederwild und Fuchs mehrjährige Studien durchgeführt. Jonathan Reynolds, ein Biologe, der maßgeblich daran mitgearbeitet hat, bringt es in einem Satz auf den Punkt: *„Sogar, wenn die Füchse alle Rebhühner in unserem Versuchsrevier gefressen hätten, würden die Rebhühner dennoch nie mehr als ein paar Prozent an der gesamten Fuchsnahrung ausmachen."* Dazu kommt, dass Füchse nicht die einzigen Prädatoren sind. Doch was kann daraus abgeleitet werden? Ist der Fuchs die Schlüsselart? Ist die Regulierung der Fuchsbestände Voraussetzung für die Zukunft unserer Niederwildbestände?

Ja und nein. Zunächst möchte ich hier einfügen, dass es bei diesem Thema nicht selten um Grundsatzfragen und Ideologien geht. Die Zahl der Artikel dazu ist enorm, übertroffen wird sie nur durch die Fülle der Interpretationen beider Lager. Vorauszuschicken ist hier auch, dass die langjährigen Bestandestrends bei Niederwildarten wie Hase, Rebhuhn und Fasan nach unten gehen, genauso aber auch bei Wiesenbrütern wie Brachvogel, Wachtelkönig oder Kiebitz. Lebensraumveränderung und die industrielle Landwirtschaft sind die hauptsächlichen Ursachen für diese Entwicklung. Wer also etwas über Raubwildkontrolle erreichen will, der sollte vorher jedenfalls den Lebensraum bewerten – und falls nötig auch etwas für dessen Verbesserung tun. Geeignete Lebensräume sind in jedem Fall eine Voraussetzung für Niederwildvorkommen. Dabei ist zu bedenken: In Kulturlandschaften, wo ideale Lebensräume oft nur mehr Inseln gleich verteilt sind, ist Raubwildkontrolle von Fall zu Fall ein

Hase.
Ein gesunder erwachsener Feldhase ist für den Fuchs nur schwer zu erbeuten.

Schlüsselfaktor, weil der Druck gerade auf solche Restlebensräume meist sogar deutlich stärker als auf umliegende Gebiete ist. Sind die Wechselwirkungen zwischen Wildtier und Lebensraum gestört, können Einflussfaktoren wie Feinde oder Jagd stärkere Bedeutung erlangen. Allgemein anerkannt ist, dass der Rotfuchs in Europa zu den wichtigsten Raubfeinden des Feldhasen zählt, und die Fuchsbestände sind in den letzten dreißig Jahren stetig angewachsen. Neben Klima, Lebensraumveränderung, Landwirtschaft, Verkehr, Krankheiten oder Jagd sollte also der Druck auf die schrumpfenden Hasenbestände durch den Rotfuchs größer geworden sein, auch wenn je nach Region und Hasenbesatz der Anteil des Feldhasen am Nahrungsspektrum des Fuchses ganz unterschiedlich hoch ist. Nach den Ergebnissen einer neuen niederländischen Studie schwanken die Angaben aus der Literatur dafür zwischen 3 und 46 Prozent. Die meisten Junghasen werden im Frühling und Frühsommer erbeutet, Althasen eher im Winter oder im ausgehenden Winter beziehungsweise im frühen Frühjahr. Stärkeren Druck auf die Hasenbestände durch den Rotfuchs gibt es vor allem zur Zeit der Welpenaufzucht. Vor allem in schlechten Hasenjahren mit nur wenig Nachwuchs greifen Fuchs, aber auch unachtsame Jäger in den Grundbestand ein, womit der Besatz verringert wird.

Die Feldhasenbestände nehmen in Europa seit den 1960er-Jahren ständig ab, die Jagdstrecken als Messlatte dafür zeigen diese Entwicklung in fast allen europäischen Ländern anschaulich. Der Fuchs spielt hier, wie gesagt, sicher eine wichtige Rolle, ob es der entscheidende Faktor ist, lässt sich nicht pauschal festhalten, sondern sollte jeweils vor Ort geklärt werden.

Erwachsene Hasen nehmen keineswegs in jedem Fall Reißaus vor einem Fuchs. Begegnen einander Fuchs und Hase auf offenem Feld, und ist klar, dass jeder den anderen bemerkt hat, dann setzt ein erwachsener, erfahrener Fuchs erst gar keinen Versuch, an den Hasen heranzukommen. Ist der Hase gesund, hat er kaum Chancen. Der Hase wiederum bleibt zwar wachsam und hält auch etwas Sicherheitsabstand, aber er flieht deshalb nicht gleich vor jedem Fuchs. Junghasen vertrauen in den ersten Lebenstagen vor allem auf ihre ausgezeichnete Tarnfärbung und drücken sich. Felix Labhardt gibt an, dass ein zahmer Fuchs die Spur eines Junghasen sofort erkannt hatte und ihr so lange folgte, bis er den regungslos verharrenden kleinen Hasen fand. Junghasen fallen Füchsen viel eher zur Beute, werden aber meist wohl eher zufällig gefunden.

Es gibt Berichte, nach denen Füchse die Gesundheit von Hasenbeständen sichern, weil sie kranke Tiere leichter erbeuten und damit die Gefahr von Seuchen wie Hasenpest (Tularämie) verringern. In der ehemaligen Sowjetunion sollen sich die Hasenbestände in Gebieten mit höheren Fuchsdichten rascher von der Seuche erholt haben als in Bereichen, wo die Fuchsbestände gering waren. Doch man muss wirklich genau recherchieren, um solche Beispiele zu finden. Für europäische Kulturlandschaften, zeichnen die meisten Studien heute ein völlig anderes Bild, wenn es um den Einfluss des Rotfuchses auf die Hasenbestände geht. Vereinfacht heißt hier das Ergebnis: viele Füchse – wenig Hasen. Experimente in Südengland bestätigten bereits in den 1980er-Jahren, dass die Kontrolle der Fuchsbestände rasch zu einer Steigerung der Hasenbesätze führt.

Auch über Modellrechnungen kommen die Engländer zum selben Ergebnis. Dabei zeigt sich im Detail, dass schon geringe Änderungen der Größe von Fuchsrevieren sowie die soziale Gruppierung der Füchse deutliche Auswirkung auf den Zuwachs der Hasen haben: kleine Reviere, große Fuchsfamilien – wenig Hasen. Untersuchungen aus Dänemark belegen ebenfalls, dass eine intensiver werdende Landwirtschaft zwar Einfluss auf den Rückgang der Hasenbestände hat, in erster Linie ist für deren Rückgang jedoch die Zahl der Füchse ausschlaggebend. Hier konnten auch zunehmend mildere Winter den negativen Trend bei den Hasenbesätzen nicht bremsen.

Eigene Untersuchungen in Ostösterreich belegen aber auch, dass ausgeprägte Streckengipfel bei Hase und Fuchs in ein und demselben Jahr zusammenfallen können! Eine Begründung dafür liefert neben den Witterungseinflüssen die Anzahl der Feldmäuse. Hohe Mäusedichten puffern den Einfluss der Füchse auf die Hasen ab, weil Mäuse leichter zu erbeuten sind und daher entsprechend weniger Junghasen ausfallen. Die Entwicklung kann jedoch ebenso genau gegengleich erfolgen. 1976/77 ist im Burgenland verstärkt die Tollwut aufgetreten. Dadurch kam es zu einem drastischen Rückgang der Fuchsbestände. Während nun die Fuchsstrecken über einen Zeitraum von fünf Jahren einbrechen, steigen die jährlichen Hasenstrecken im selben Zeitraum um rund 20.000 (!) Stück an. Nach der erfolgreichen Tollwutbekämpfung klettern dann die Fuchsstrecken nach oben, die Hasenstrecken fallen deutlich unter jene aus der Zeit vor der Tollwutepidemie zurück und erreichen nie wieder die ehemaligen Stückzahlen. Ähnliche Zusammenhänge wurden auch bei Schneehasen und Füchsen nach Räudewellen in Skandinavien ermittelt.

Zusammengefasst zeigen alle Ergebnisse, ähnlich wie bei den Rehen in Skandinavien, dass der Fuchs zwar nicht den Fortbestand des Hasen bedroht, aber er kann neben anderen Umwelteinflüssen zum bestandesbegrenzenden Faktor werden.

Maus ist nicht gleich Maus

Ein Hase ist zwar eine attraktive Beute für den Fuchs – er gibt einfach mehr her –, eine Feldmaus ist jedoch leichter zu fangen. Der Umstand, dass Füchse in schwachen Mäusejahren vermehrt auf Hasen ausweichen, zeigt zwar, dass sie durchaus in der Lage sind, diese zu erbeuten, er zeigt aber genauso, dass eben die Maus gegenüber dem erwachsenen Hasen die bevorzugte Beute ist. Dieses und viele andere Beispiele führen vor Augen, dass Füchse Generalisten sind. Nur, ist das Angebot ausreichend, werden sie zu Spezialisten und tun genau das, wofür sie ideal angepasst und ausgestattet sind: Mäuse fangen.

Damit sind wir nun bei den wichtigsten Beutetieren für Rotfüchse im größten Teil ihres Verbreitungsgebietes. Die Mehrzahl ist hier deshalb angebracht, weil Maus nicht gleich Maus ist. Analysiert man das Beutespektrum von Füchsen, dann stellt sich heraus, dass sie Wühlmäuse im Gegensatz zu den Langschwanzmäusen eindeutig bevorzugen.

Wenn die meisten von uns an eine Maus denken, dann haben wir ein Bild von einem Tier mit großen dunklen Knopfaugen, spitzer Schnauze, relativ großen Ohren und einem fast nackten Schwanz vor Augen. Die Hausmaus, oder im Wald die Gelbhalsmaus, wären typische Vertreter dieser Tierfamilie. Wenn wir aber

Links echte Maus, rechts Wühlmaus.

Die echten Mäuse haben Knopfaugen und eine spitze Schnauze. Wühlmäuse haben kaum sichtbare Augen und Ohren, eine stumpfe Schnauze und einen walzenförmigen Körper. Dem Fuchs geht es vor allem um Wühlmäuse.

von Fuchs und Maus reden, dann geht es vor allem um Wühlmäuse *(Microtus spp.)* – also Tiere mit kleinen, kaum sichtbaren Augen und Ohren, kurzem behaarten Schwanz, walzenförmigem Körper und stumpfer Schnauze, die um einiges weniger wendig als die echten Mäuse sind. Zu den Wühlmäusen zählen die Feldmaus, die Schermaus, Bisamratten, im Wald die Rötelmaus und am Berg die Schneemaus. Insgesamt gibt es weltweit rund 150 verschiedene Arten.

Wühlmäuse bringen nach rund drei Wochen Tragzeit fünf- bis zehnmal im Jahr Nachwuchs. Jeder Wurf besteht wieder aus fünf bis zehn Jungen. Diese Tiere sind nach etwa einem Monat bereits geschlechtsreif. Eine Wühlmauspopulation kann also in sehr kurzer Zeit enorm anwachsen, auch wenn die Lebensdauer einzelner Tiere im Durchschnitt kaum länger als ein halbes Jahr beträgt. Die enorme Vermehrungsrate führt in Zusammenhang mit Nahrungsangebot und Klima vor allem in nördlichen Vorkommensgebieten zu zyklischen Bestandesschwankungen im Rhythmus von drei bis vier Jahren. Je weiter man nach Süden kommt, desto weniger ausgeprägt sind diese Zyklen. Grundsätzlich ist das Angebot an Wühlmäusen hoch, und Füchse ebenso wie Wiesel, Marder, Eulen und eine Reihe von Greifvögeln nutzen es bevorzugt, weil es genug gibt, weil Wühlmäuse leicht zu erbeuten sind und weil sie von den meisten nicht zerteilt, sondern gleich als Ganzes verschluckt werden können.

Eine umfassende jüngere Studie aus dem Nordosten Polens zeigt, dass dort in knapp drei Viertel aller Fuchsmägen Reste von Wühlmäusen gefunden wurden. Die Mäuse haben hier insgesamt 47 Prozent der Fuchsnahrung ausgemacht. Schon Jahre zuvor wurde im Nationalpark Bialowieza an der Grenze zwischen Polen und Weißrußland festgestellt, dass Wühlmäuse bevorzugt werden und dass dem Fallwild oder Beuteresten von Wolf oder Luchs eher Bedeutung als Ausweichnahrung im Winter oder in schlechten Mäusejahren zukommt. In beiden Studien wird darauf hingewiesen, dass die Verteilung von Wald und

Freiflächen das Angebot an Mäusen, damit aber auch Beute und Jagdgründe von Füchsen bestimmt. Wühlmäuse bevorzugen offene Flächen, nimmt der Wald zu, geht der Anteil an Wühlmäusen zurück. Auf dieselben Zusammenhänge weist man auch in Finnland hin. Dort werden im Zuge der forstlichen Nutzung durch Kahlschläge große Freiflächen im Wald geschaffen. Damit steigt das Angebot an Mäusen und ebenso der Besiedlungsanreiz für Füchse. Mit zunehmender Konzentration von Füchsen wird wiederum der Druck auf die Raufußhühner größer.

Die Polen weisen in ihren Untersuchungen auch darauf hin, dass die Höhe der Schneedecke ein wichtiger Faktor für den Mäusejäger ist. Gehen wir also kurz nochmals auf dessen Jagdmethode ein. Die Jagd auf Mäuse bringt dem Fuchs einen großen Vorteil: Er muss die Beute überhaupt nicht sehen und kann dennoch ganz gezielt zum Sprung auf die kleine Maus ansetzen. Allein das Rascheln oder Wispern der Kleinsäuger reicht, damit die Maus lokalisiert wird – jeder Jäger, der ein Mauspfeifchen verwendet, weiß, was gemeint ist. Je nach Wind und Hintergrundgeräusch kann der Fuchs das Wispern bis auf eine Entfernung von beinahe hundert Metern wahrnehmen. Mit seinem feinen Gehör kann er dann auch bei Dunkelheit, unter einer Schneedecke, im hohen Gras oder unter Laub ganz genau orten, wo die Maus ist. Dabei schleicht er Schritt für Schritt näher, immer wieder den Kopf drehend, um einmal mit dem einen, dann wieder mit dem anderen Ohr die Geräuschquelle zu bestimmen. Ist er nah genug, setzt er zum Sprung an; und der kann bis zu vier Meter weit gehen. Doch selbst, wenn die Maus direkt vor ihm ist, wird gesprungen, dann aber senkrecht in die Höhe. Unter Schnee oder im Gras versucht der Fuchs die Maus mit dem Fang zu packen, wehrhaftere Schermäuse werden auch mit den Branten zu Boden gedrückt, und erst dann erfolgt der Tötungsbiss. Erwischt er die Maus nicht gleich, wird auch nachgegraben. Neuere Untersuchungen gehen sogar davon aus, dass

Ein ganzes Maul voll Mäuse.
Es ist Mitte Mai, und dieser Bergfuchs trägt eine ganze Ladung an Mäusen zum Bau zurück. In dieser Zeit sind Füchse auch oft am Tag zu sehen.

der Fuchs beim Mäusefangen auch das Erdmagnetfeld miteinbezieht. Über 70 Prozent der Beutesprünge waren erfolgreich, wenn der Fuchs nach Norden hin ausgerichtet war. Das soll anscheinend besonders dann geschehen, wenn Füchse in hoher Vegetation oder bei Schnee nach Mäusen jagen – also, wenn sie die Beute wirklich nicht sehen können. In kurzer Vegetation war dies nicht zu beobachten. Fest steht, dass Rotfüchse gerne auf frisch gemähten Wiesen jagen – oft sogar mitten am Vormittag. Dabei finden sie sicher ausgemähte Mausnester oder Gelege, daneben auch Käfer, Grillen oder Mäuse, die dem Mähwerk zum Opfer gefallen sind. Ganz sicher jagen sie dort aber auch sehr gern aktiv nach Mäusen – vielleicht gar nicht so sehr, weil sie die Mäuse besser sehen, sondern einfach, weil sie im kurzen Gras viel leichter anzupirschen und zu packen sind. Sind die Mäuse aktiv, dann kann der Fuchs bei idealen Bedingungen in kurzer Zeit bis zu einem Dutzend fangen.

Maus-Spiele.

Mitte September spielt dieser Jungfuchs mit einer gefangenen Maus. Offensichtlich ist er nicht sehr hungrig. Überschüssige Beute verstecken Füchse auch in Vorratslagern.

„Wenig Kosten, aber viel Nutzen“ – Füchse machen keine Ausnahme, wenn es um ihren Aufwand für die Lebenserhaltung geht. Wühlmäuse erfüllen diesen Anspruch von allen Beutetieren wohl am besten.

KURZ & BÜNDIG

- Wühlmäuse sind ein zentraler Bestandteil im Beutespektrum des Fuchses.
- Gute Mäusejahre sind meist auch gute Hasenjahre. Ein Grund dafür ist: Wenn das Angebot an Mäusen hoch ist, nimmt der Fuchs lieber die leichter zu erbeutende Maus.

Spitzmaus, Maulwurf und Igel

Wer die Augen offenhält, der findet immer wieder einmal eine tote, aber nicht verzehrte Spitzmaus auf Waldwegen oder sonstwo. Diese „Maus", die eigentlich keine Maus, sondern vielmehr ein winziges „Raubtier" ist, gehört zu den Insektenfressern. Sie ist mit Igel und Maulwurf verwandt und besitzt ein perfektes Raubtiergebiss in Miniaturformat. Bei Füchsen, Katzen oder Greifvögeln lösen Spitzmäuse offenbar Fangreize aus. Manchmal wird diese Beute gar nicht getötet, es gibt Beobachtungen, nach denen Füchse ähnlich wie Katzen nur damit spielen. David Henry berichtet sogar von einem Fall, wo der Fuchs eine Spitzmaus, mit der er auf einem Waldweg gespielt hat, am Ende wieder zurück in den Wald trug. Nicht jede Spitzmaus überlebt das, manche werden dann auch als Nahrungsdepot vergraben. Doch selten werden sie gefressen. Erlebt habe ich das auch schon bei meinem eigenen Hund: Er kann gar nicht anders, fängt die Spitzmaus und spuckt dann das traurige, speichelverklebte, winzige, lebende (!) Tierchen wieder aus. Der Grund fürs Ausspucken ist wahrscheinlich ein widerwärtiger Geruch und Geschmack, der auf die Duftdrüsen an den Flanken des kleinen Insektenfressers zurückzuführen ist. Diese Duftdrüsen dienen der Kommunikation und Reviermarkierung, sie sind wahrscheinlich dafür ver-

Tote Spitzmaus. Spitzmäuse und Maulwürfe werden vom Fuchs zwar immer wieder einmal gefangen, aber nur selten verzehrt.

antwortlich, dass Spitzmäuse für viele Prädatoren schlecht genießbar sind.

Wie gesagt, auch Maulwurf und Igel zählen zu den Insektenfressern, und sie zählen ebenfalls zum Beutespektrum des Rotfuchses. Doch ähnlich wie die Spitzmaus hat auch der Maulwurf Moschus absondernde Duftdrüsen an der Bauchseite. Maulwürfe werden ebenso wie Spitzmäuse gefangen, aber nur selten gefressen. Es gibt sogar Berichte, wo handzahme Jungfüchse Maulwürfe fangen, aber nachdem Teile davon gefressen wurden, diese wieder erbrechen. Kurz und gut: Spitzmaus und Maulwurf werden nur in Notfällen gefressen!

Ganz anders beim Igel. Vorerst: Füchse sind in der Lage, Igel zu töten. Natürlich werden aber viele Igel, die dem Straßenverkehr zum Opfer fallen, von Füchsen aufgesammelt und gefressen. Es gibt jedoch auch Beobachtungen aus der englischen Stadt Bristol, die auf Zusammenhänge zwischen Fuchsdichte und Igelpopulation hinweisen. Nachdem die Räude dort den Fuchsbestand stark verringert hat, konnte man beobachten, dass die Zahl der Igel in der Stadt angestiegen ist. Der Fuchs könnte hier aber auch als Nahrungskonkurrent für den Igel ausgefallen sein, denn Regenwürmer oder Insekten werden von beiden gerne genutzt. Hie und da erbeuten Füchse Igel auch in ihrem Winterlager. Wenn also Reste von Igeln in der Winterlosung von Füchsen gefunden werden, dann ist dies gut möglich, auch wenn Igel Winterschlaf halten. Interessant ist dabei vielleicht noch, dass Füchse die Stacheln von Igeln abbeißen und teilweise sogar mitfressen, währenddessen der Dachs besser in der Lage ist, den Igel aus seiner stacheligen Haut sauber herauszuschälen, wobei dann das gesamte zusammenhängende Stachelkleid übrigbleibt.

Raufußhühner und andere Vögel

Grundsätzlich zählen Vögel nicht zur bevorzugten Fuchsbeute. Sie werden besonders im Frühling und auch noch im Frühsommer gejagt. Das ist die Zeit, wenn Füchse ihre Jungen aufziehen, und da ist der Druck Beute zu machen groß. Generell sind die Hennen von Bodenbrütern besonders gefährdet, später für ein, zwei Wochen auch die Küken. Hahnen beginnen im Frühsommer mit der Mauser, die den Vögeln auch für kurze Zeit das Fliegen erschwert oder sie sogar fluguntauglich macht. Hühnervögel werden von den erwachsenen Füchsen oft gar nicht selber gefressen, diese Beute eignet sich von ihrer Größe her gut, um sie zum Bau und zu den hungrigen Welpen zu „apportieren". Enten, Möwen, Wat- und Schnepfenvögel gehören ebenfalls zum Beutespektrum. Stadtfüchse sorgen hie und da für besondere Aufregung – etwa, wenn in einem Zoo Flamingos oder

Fasanhenne wird „apportiert".

Die Jagd auf Hühnervögel erfolgt vor allem zur Zeit der Jungenaufzucht. Selber frisst er sie kaum, er bringt die große Beute eher zum Bau.

Rechtwinkelig geöffneter Fang.
Der weit öffenbare Fang ermöglicht dem Fuchs den Transport von größerer Beute. Füchse würgen ihren Welpen nicht wie Wölfe vorverdaute Nahrung aus.

sogar Pinguine gerissen werden. Endgültig aus den Angeln zu fallen scheint die eingangs erhobene Feststellung, dass Vögel nicht zur bevorzugten Fuchsbeute zählen, wenn Füchse dann und wann in Kolonien bodenbrütender Seevögel ganz erhebliche Ausfälle verursachen.

In Städten spielen vor allem Stadttauben und Singvögel eine Rolle. Eine polnische Studie zeigt, dass je nach Angebot in bestimmten Regionen auch Hausgeflügel einen erheblichen Anteil an der Ernährung ausmachen kann. Über Losungsanalysen wiesen die Polen nach, dass in einer Region mit extensiver Landwirtschaft sogar bis zu 35 Prozent der Biomasse aller Beutetiere auf Vögel entfällt – das meiste davon auf Hausgeflügel. Je weiter die Füchse von Bauernhöfen entfernt waren, desto geringer war der Anteil an Hausgeflügel. Die Polen folgern daraus, dass Füchse aufgrund des zusätzlichen Nahrungsangebotes teilweise unabhängig von natürlichen Nahrungsquellen sind. Dass Füchse auch Hühner oder Enten von Bauernhöfen holen, ist bekannt, manchmal löst das Geflatter in einem Hühnerhof auch Jagdreiz beim Raubtier aus, sodass dann nicht nur ein Huhn, sondern bis zum letzten flatternden Vogel alle Hühner „erlegt" werden. In der Regel brechen Füchse in Hühnerställe aber nur während der Zeit der Welpenaufzucht ein.

Eine schwedische Studie belegt ebenfalls die Bedeutung von Vögeln für die Zeit, in der die Jungen heranwachsen. Ein Viertel der größeren Vögel, die hier vom Fuchs erbeutet wurden, waren Fasane, und beinahe drei Viertel davon wurden während der Welpenaufzucht erjagt. Nicht unerwähnt soll hier noch bleiben, dass in manchen Regionen bei der Herbstjagd geflügelte oder

Hühnerdieb! Erwachsene Füchse verzehren selber kaum Hühnervögel. Diese Beute wird in der Regel von den Jungfüchsen gefressen.

angeschossene Gänse, Enten und Fasane ebenfalls das Nahrungsspektrum von Füchsen abdecken.

Grundsätzlich bleibt es jedoch bei der eingangs erwähnten Feststellung: Vögel sind schwer zu fangen, und Füchse jagen lieber Beute, die leichter zu erwischen ist. Eine Ausnahme gibt es hier nur bei Bodenbrütern, die vor allem zur Brutzeit und während der Jungenaufzucht auch starke Verluste erleiden. Das ist genau jene Zeit, wo auch Füchse ihre Jungen aufziehen und wo sie dann ihre Jagdstrategie ändern. Das heißt, etwa von April bis Juni wechseln sie von einer zeitsparenden Jagdstrategie nach dem Motto „Nehmen, was gerade am leichtesten zu kriegen ist" zu einer Jagdstrategie, die auf maximale Energiezufuhr ausgerichtet ist, sprich: „Beutewahl nach möglichst ergiebigem Kaloriengewinn, auch wenn dabei die Jagd schwieriger und riskanter wird". Kurz und gut: Insgesamt schwankt der Anteil von Vögeln im Beutespektrum des Rotfuchses je nach Angebot und Lebensraum, vor allem aber je nach Jahreszeit sehr stark.

Gehen wir noch etwas näher auf das Verhältnis „Fuchs und Raufußhühner" ein. Grundsätzlich gibt es keinen Beutegreifer, der ganzjährig auf Raufußhühner spezialisiert wäre. Wir wissen jedoch, dass in den stark vom Menschen geprägten Lebensräumen Mitteleuropas wenig spezialisierte Raubwildarten insgesamt ein erhöhtes Nahrungsspektrum vorfinden und dass dann diese Beutegreifer vor allem die Dichte seltener Beutetiere beeinflussen können. Zu den wichtigsten Beutegreifern zählt in diesem Zusammenhang heute der Rotfuchs. Vor allem finnische und schottische Studien zeigen deutlich, dass mit zunehmender Zerstückelung und Verschlechterung des Lebensraumes der Einfluss von Beutegreifern kritisch werden kann. In guten Lebensräumen gleichen Raufußhühner den Einfluss von Raubfeinden weit besser aus; in schlechten ist deren Einfluss umso dramatischer, weil die Vögel zum einen auch ohne Raubwild schon geringere Überlebensraten haben, zudem aber aufgrund schlechter Deckung auch noch leichter erbeutet werden.

Die Ausfallsrate ist bei allen Hühnervögeln in den ersten zwei Wochen nach dem Schlüpfen am höchsten. Die Hauptgründe: Raubfeinde und Witterung. Dazu kommt, dass auch noch im ersten Herbst und Winter die Überlebensraten der Jungvögel geringer sind als jene der erwachsenen. Besonders im Herbst, wenn ein Teil des Nachwuchses abwandert, erleiden sie deutlich höhere Verluste als erwachsene Vögel. Bei Bodenbrütern geht aber noch vor dem Ausschlüpfen der Jungvögel ein beträchtlicher Teil der Gelege verloren. Bei Birkhühnern schwankt die Ausfallsrate zum Beispiel zwischen 30 und 60 Prozent. Raufußhuhngelege werden zwar in der Regel nur nebenbei erbeutet, Nestraub ist aber für diese Bodenbrüter ein wichtiger bestandesregulierender Faktor! Wobei der Bruterfolg generell auch mit der Vegetationsentwicklung im Frühjahr zusammenhängt. Je früher Heidelbeeren und Zwergsträucher austreiben, umso besser ist nicht nur die Deckung für die Hennen, sondern auch für die Gelege. Damit steigt der Bruterfolg für Erstgelege. Dies ist für die Bestandesentwicklung von enormer Bedeutung. Warum? – Grundsätzlich können Raufußhühner den Ausfall des Erstgeleges mit einem Nachgelege kompensieren. Untersuchungen haben sogar ergeben, dass Zweitgelege oft bessere Chancen haben, gerade weil dann die Vegetation und damit die Deckung schon viel weiter ist. Aber: Einjährige Hennen legen kaum Zweitgelege an, und die Eizahl in Nachgelegen ist durchwegs geringer. Das heißt: Die zweite Chance ist nur eine Notlösung, die auch meist viel weniger Nachwuchs bringt.

Es gibt eine Reihe von Fallstudien, die zeigt, dass Raubwildkontrolle zu deutlich höheren Nachwuchs- und Bestandeszahlen führt. Dennoch ist bei der Übertragung von Fallstudien immer Vorsicht geboten. Um Räuber-Beute-Beziehungen besser zu verstehen, sind zudem Langzeit-Untersuchungen wichtig. Eine der bekanntesten Studien hinsichtlich Raubsäugern und Raufußhühnern wurde auf zwei Inseln im nördlichen Golf der Bottnischen See durchgeführt. Die beiden benachbarten Inseln

Bergön (18 Quadratkilometer) und Ranön (23,5 Quadratkilometer) sind 3 bis 4 Kilometer vom Festland entfernt. Die Inselsituation sollte man hier mit im Kopf behalten, denn sie verhindert praktisch, dass Raubwild leicht wieder zuwandern kann. Das interessante, über neun Jahre laufende Experiment des schwedischen Wildbiologen Vidar Marcström sah folgendermaßen aus: Zuerst wurden auf Bergön von 1976 bis 1980 alle Füchse und Marder erlegt, auf Ranön wurde Raubwild nicht bejagt. Von Herbst 1980 bis Frühling 1984 wurden die beiden Raubwildarten auf Ranön streng bejagt; die Insel Bergön konnten Füchse und Marder über das vereiste Meer wieder besiedeln. Die Auswirkungen auf Auer- und Birkwild waren anschaulich:

Wo die beiden Raubwildarten stark verfolgt wurden, dort hatten die Gesperre im August durchschnittlich 5,5 Jungvögel, und 77 Prozent der Hennen führten Küken. Auf jener Insel, auf der die Beutegreifer nicht bejagt wurden, gab es im August im Schnitt 3,3 Küken je Gesperre, und 59 Prozent der Hennen hatten Küken. Zwei Jahre nach der Raubwildbejagung stellte man bei erwachsenen Auer- und Birkhühnern im Juli und August eine Zunahme von 56 bis 80 Prozent fest. Auf den Balzplätzen ergaben sich Zunahmen von 166 bis 174 Prozent. Diese Studie zeigt zunächst einmal nur, wie viel der Ausfälle auf das Konto von Fuchs und Marder gehen. Sie sagt nichts darüber aus, ob es dadurch zu einer Bestandesgefährdung kommt. Auf der Insel, wo jeweils keine Raubwildbejagung stattfand, gab es zwar weniger Vögel und auch weniger Nachwuchs, weil ein Teil von den beiden Beutegreifern abgeschöpft wurde, aber deshalb waren dort die Bestände nicht gefährdet. Dieselben Ergebnisse gibt es aus einer Reihe von Räuber-Beute-Studien zu Raufußhühnern.

Allgemein nimmt in Skandinavien der Raubfeinddruck auf Raufußhühner von Nord nach Süd zu; parallel dazu sind die Lebensräume stärker zerstückelt und von menschlich geprägten Landschaften umgeben. In solchen Übergangszonen zwischen guten und schlechten Lebensräumen wird das Raubwild zu einem bedeutenden und manchmal begrenzenden Faktor. In diesen Lebensräumen, die häufig ein breites Nahrungsangebot für Generalisten wie den Fuchs anbieten, kommt es zu keinen Bestandesschwankungen mehr, dafür aber zu allgemein höheren Räuberdichten. Vor allem in zerstückelten Lebensräumen kann das Raubwild zu einem Problem für Gelege und die Jungvögel werden. Wo Raufußhühnerbestände noch dazu dem Druck von verschiedensten Raubfeinden ausgesetzt sind, summiert sich der Einfluss von vielen verschiedenen Arten wie Fuchs, Dachs, Marder, Waschbär, Wildschwein, Krähen, Kolkraben, Eichelhäher, Habicht, Uhu, Adler und so weiter.

Regenwürmer – unberechenbar, aber kalorienreich

David Macdonald fand bei seinen Forschungen über Füchse in Großbritannien heraus, dass in manchen Monaten mehr als 60 Prozent der Kalorienzufuhr auf das Konto von Regenwürmern geht! Einzelne Füchse haben sich richtiggehend auf Regenwürmer spezialisiert und dabei oft nur sehr kleine Flächen innerhalb von Familienterritorien genutzt. Schon zuvor hat man herausgefunden, dass Regenwürmer für Dachse zeitweise einen wesentlichen Anteil am Nahrungsspektrum ausmachen. Was heißt das nun in Zahlen ausgedrückt für den „Wurmjäger" Rot-

Regenwurm. Regenwürmer können manchmal einen beträchtlichen Teil der Fuchsnahrung ausmachen.

fuchs? Das heißt, dass er in einer Nacht etwa 120 Regenwürmer aus dem Boden ziehen muss. In einer idealen Nacht mit hoher Luftfeuchtigkeit und ausreichend Wärme, kommen viele Würmer an die Oberfläche. Ein Fuchs kann dann unter solch guten Bedingungen ungefähr zwei Drittel seines täglichen Nahrungsbedarfes in etwa einer Stunde leicht abdecken. Das Problem dabei ist, dass Regenwürmer je nach Bodenbeschaffenheit und Nutzungsform sehr unterschiedlich verteilt sind, und dass sie auch je nach Wetter, Windrichtung oder Jahreszeit ganz verschieden häufig vorhanden sind. Das „Angebot" kann sich dabei je nach Wind von Stunde zu Stunde verändern. Solchen Unsicherheiten entgeht der Fuchs, indem er Territorien mit möglichst vielen unterschiedlichen Nahrungsquellen verteidigt. So kann er immer auf eine Alternative ausweichen. Besonders viele Regenwürmer sind jedenfalls auf Weideflächen zu finden. Nebenbei – dort, wo Füchse viele Regenwürmer fressen, enthält die Losung einen hohen Anteil an Erde aus dem Darm der Würmer. Das ist dann leicht in der Losung zu erkennen. Wird die Losung wissenschaftlich nach Nahrungsresten untersucht, dienen die Borsten der Regenwürmer als Nachweis; diese sind unter dem Mikroskop zu sehen.

Dies und das – eine fast unüberschaubare Nahrungspalette

Wo diese vorkommen, spielen natürlich auch Kaninchen eine wichtige Rolle. Hoch im Norden sind Lemminge eine wichtige Fuchsbeute. Auf Krebse hat schon Martin Strasser hingewiesen. Natürliche Krebsvorkommen sind heute aber bereits eher eine Besonderheit und daher kaum von Bedeutung. Für kurze Zeit stehen Frösche zur Laichzeit auf dem Speiseplan. Fische oder Fischreste sind sehr beliebt – auch Fische aus Zierteichen. Die Abfälle bei Fischzuchtanlagen sind wahre Magneten für den

Feldjagd.
Der Fuchs ist auch Insektenjäger. Vor allem Jungfüchse ernähren sich in der ersten Zeit sehr oft von Heuschrecken.

Fuchs. Aus Nordamerika wird berichtet, dass Rotfüchse gern die Strände auf der Suche nach Resten von Fischen, Muscheln, Krabben oder ähnlichem absuchen. Über den Raub von Eiern in Seevogelkolonien wurde bereits berichtet, Füchse sind aber sogar in der Lage, die Eier von Schildkröten auszugraben und für sich zu nutzen.

Auch Maikäfer und Frösche stehen auf dem Speiseplan des Fuchses.

Ein Murmeltierjäger.
Murmeltiere sind tagaktiv. Deshalb sind auch Bergfüchse auf der Murmeltierjagd am helllichten Tags unterwegs.

In trockeneren Gebieten kommen auch noch Eidechsen hinzu. Schnecken bereichern den Speisezettel ebenfalls. Insekten spielen vor allem im Mittelmeerraum und in Halbwüsten eine große Rolle. Darunter fallen Heuschrecken, Grillen, Mistkäfer, Schaben und Zikaden, um nur einige zu nennen. Dabei ist zu erwähnen, dass Füchse mehr tagaktiv sind, wenn sie nach tagaktiven Insekten jagen. Auch Bergfüchse fangen im Herbst auf alpinen Matten gerne Heuschrecken. Spinnen und Larven von Mistbienen zählen ebenso zum Nahrungsspektrum wie Obst und Früchte aller nur erdenklichen Sorten. Kaum zu glauben, aber im mediterranen Raum sind zum Beispiel Wacholderbeeren eine teils erhebliche Nahrungskomponente, daneben Oliven und Datteln, die von Bäumen fallen. Wieder in anderen Gebieten spielen Brombeeren eine Rolle, Heidelbeeren mögen nicht nur Raufußhühner, sie sind bei Füchsen ebenso beliebt. Vor allem in den borealen Wäldern ist das herbstliche Angebot an Beeren für

Sowohl Streuobstgärten als auch Brombeerhecken bieten reichlich Fuchsnahrung.

Der Mittelmeerraum bietet Wacholderbeeren, der Hohe Norden Heidelbeeren.

Auch Hagebutten und Zwetschken liebt der Fuchs.

die Anlage von Fettreserven im Winter von Bedeutung. Hier gilt: Ein gutes Beerenjahr bringt viel Fettreserven im Herbst. Auch die Beeren von Eibe und Eberesche sowie Kirschen, Pflaumen, Äpfel, Birnen, Hagebutten, Weintrauben und Nüsse aller Art sind beliebt. Es gibt Berichte aus den USA, nach denen sich Füchse in riesigen Sonnenblumen-Anbaugebieten zeitweise

„Preiselbeermarmelade“ und „Kirschkompott“.

Allein aus der Losung erfährt man schon viel über die Fuchsnahrung.

Ein Bild mit Seltenheitswert:

Das Mutterschaf hat nur eines der drei Lämmer angenommen. Der Jungfuchs war zwar interessiert, wusste aber nicht so recht, was er mit der möglichen Beute anfangen sollte.

fast ausschließlich von Sonnenblumenkernen ernähren. Ich habe Füchse an Kirrungen gesehen, die Maiskörner aufsammelten. Vogelfutter bei Futterhäuschen wird ebenfalls genommen. Auch Winterfütterungen für Reh und Hirsch sind indirekt attraktive Anziehungspunkte, weil es dort je nach Futterangebot mehr Mäuse, Häher und Eichhörnchen – also mehr Beutetiere – gibt. Komposthaufen wurden schon erwähnt. In Revieren mit hohen Schalenwilddichten spielen auch die Aufbrüche des erlegten Wildes eine Rolle. Eine schwedische Studie belegt, dass die Aufbruchreste von Schalenwild als alternative Nahrung in kargen Zeiten zur Stabilisierung der Fuchsbestände beitragen. Schlachtabfälle spielen heute kaum mehr eine Rolle, das Angebot an Straßenfallwild hat hingegen zugenommen. Aas und Fallwild sind vor allem im Winter für den Fuchs von Bedeutung.

Vorratswirtschaft

Geht es um das Anlegen von Vorratslagern, dann erinnere ich mich dabei an einen Novembertag in der Gottschee ganz im Süden Sloweniens. Ich wollte mit einem befreundeten Förster Bären an einem Luderplatz beobachten. Vor uns lagen auf einer Lichtung im Schnee die Reste eines Hirschtieres. Bereits in den letzten Nachmittagsstunden kam der erste Fuchs ans Luder, er war an Räude erkrankt und nagte immer wieder faustgroße Brocken ab, um sie im angrenzenden Wald zu verstecken. Mit einsetzender Dämmerung verschwand der kranke Fuchs, und es kam der nächste. Er dachte ebenfalls nicht an Fressen, sondern es ging ihm nur darum, faustgroße Teile des Luders möglichst rasch in Sicherheit zu bringen. Nur wenig später schnürte ein weiterer Fuchs heran, der sich jedoch nicht bis an den Kadaver traute. Um es kurz zu machen: Ich weiß bis heute nicht genau, wie viele Füchse tatsächlich am Luderplatz gewesen sind. Dieser Ort war jedenfalls ein Magnet, es war ein Kommen und Gehen, bei dem es jeder eilig hatte, sich seinen Anteil zu holen. Manchmal waren drei Rotröcke zugleich auf der Lichtung. Der Bär betrat die Lichtung erst, als nur noch Schneelicht seine Silhouette erkennen ließ. Bis dahin hatten die Füchse aber bereits ihren Anteil in umliegenden Vorratsverstecken gespeichert.

Schon im Welpenalter verteidigen Füchse Nahrung, und sind sie nicht ausreichend hungrig, dann verstecken sie den erbeuteten Überschuss auch wie Erwachsene. Bei einem Welpen aus dem Bau, den ich im Frühling der Niederschrift dieses Buches beobachtet habe, geschah dies mit einer Maus oder einem Maulwurf. Selbst handzahm aufgezogene Welpen, die in einer Wohnung gehalten werden, zeigen solche Verhaltensweisen, indem sie versuchen, am Fußboden Löcher zu scharren und die dort hingebrachte Nahrung mit Schnauzenbewegungen wieder zuzudecken.

Wenn Tiere Vorratslager anlegen, dann gibt es zwei Strategien: Hamster oder Eichhörnchen sammeln sehr viel Vorrat in einem gut versteckten, relativ sicheren Depot. Der Fuchs dagegen legt nicht alle Eier in einen Korb, sondern verteilt viele kleine Depots auf großer Fläche. Dafür gräbt er kleine Mulden oder Löcher, oft reichen auch Grasbüschel, Blätter, ein wenig Erde oder Schnee, um das Lager zu bedecken und zu tarnen. Das Abdeckmaterial wird, wie gesagt, mit der Schnauze darüber geschoben und festgedrückt. Besonders gut geschützt sind diese Nahrungsdepots nach dem ersten Eindruck also nicht. Wird eines entdeckt, ist der Schaden bei den kleinen Mengen aber auch nicht groß. David Henry, der kanadische Fuchsforscher wollte es jedoch genau wissen und hat dafür systematisch ähnlich wie Füchse Vorratslager im Waldboden angelegt – die Hälfte nach Fuchsmanier getarnt, die andere Hälfte offen. Das Ergebnis: 60 Prozent der offenen Depots waren ausgeraubt, aber nur 13 Prozent der getarnten. Dazu gibt Henry an, dass Fleischreste, wenn sie eingegraben werden, viel weniger schnell verwesen, als wenn sie offen liegenbleiben; auch Aaskäfer,

Ameisen oder Fliegen finden diese Depots nicht leicht. Leere Depots, die noch immer nach Fressbarem rochen oder vergammelte, ungenießbare Rückstände enthielten, wurden von den Füchsen mit Urin markiert. Damit war klar: „Hier lohnt es nicht mehr, Nachschau zu halten".

Das Erinnerungsvermögen der Füchse ist dabei unglaublich. David Macdonald hat herausgefunden, dass sie ihre Verstecke nicht nur genau im Kopf haben, sie wissen auch, was wo versteckt wurde. Macdonald ging es auch darum, herauszufinden, ob der eine Fuchs die Depots des anderen ausraubt. Dazu ist er mit verschiedenen zahmen Tieren an den Vorratslagern der jeweils anderen vorbeimarschiert. Macdonald meint dazu: *„Nicht einen Augenblick glaube ich, dass Füchse außerstande sind, die Vorratslager anderer zu entdecken. Mit ihrem feinen Geruchssinn können sie das sicher, und manchmal tun sie es auch.*" Tatsächlich haben seine Füchse die Verstecke fremder Füchse aber nicht ausgegraben. Macdonald kam nach den ersten Versuchen zu der Einsicht, dass der einzige Fuchs, der von den versteckten Vorräten profitiert, derjenige ist, der sie auch angelegt hat.

KURZ & BÜNDIG

- Vögel zählen zwar nicht zur vom Fuchs bevorzugten Beute, werden aber gerne in der Zeit der Welpenaufzucht genommen
- Englische Stadtfüchse decken in manchen Monaten mehr als zwei Drittel ihres Kalorienbedarfs mit Regenwürmern ab.
- Wie alle Hundeartigen ist auch der Fuchs kein reiner Fleischfresser, sondern nimmt auch pflanzliche Nahrung auf.

Fünftes Kapitel:

Fuchs, Luchs & Company: Wenn der Räuber zur Beute wird

Es wurde bereits im ersten Kapitel erwähnt: Zwischen verschiedenen Raubwildarten gibt es Konkurrenz. Das Besondere daran ist: Ausdruck und Formen dieses Wettbewerbs gehen über das einfache Schema der Verdrängung weit hinaus. Raubsäuger haben Körperformen und Fähigkeiten entwickelt, um Beutetiere zu überwältigen – und sie setzen diese von Fall zu Fall auch ein, um anderes Raubwild zu töten, auch wenn dies mit hohem Risiko verbunden ist. Bei einigen kleineren Arten lassen sich sogar bis knapp 70 Prozent aller Todesfälle darauf zurückführen, das gilt vor allem für kleinere Fuchs- oder Marderarten. Die kleinen Kit- und Swiftfüchse Nordamerikas werden zum Beispiel von Rotfüchsen und Kojoten gejagt, Mauswiesel und Hermelin ebenso. Bekannt ist auch, dass Gepardenjunge von Löwen oder Hyänen getötet werden, auch Leoparden müssen sich vor Löwen in Acht nehmen. Bobcats, die nordamerikanischen Rotluchse, sind davon ebenso betroffen, wie Kojoten, Rotfüchse, Waschbären, Bären oder Vielfraße. Die Ausfallsrate ist zwar bei den meisten Arten gering, aber wenn mehrere Raubwildarten in einem Gebiet vorkommen, dann kann dies auch zu Änderungen im Verhalten – etwa bei der Tag- und Nachtaktivität – führen, der Schwächere weicht dem Stärkeren aus, indem er andere Räume nutzt. Von Kojoten ist bekannt, dass sie die Zonen zwischen den Revieren von Wolfsrudeln bevorzugen, Füchse wählen Plätze, die Schutz vor Kojoten bieten oder wo Kojoten wenig unterwegs sind. Kleinere Raubtiere können sich, ihre Jungen und ihre Beute auch leichter verteidigen, wenn sie in Gruppen zusammenhalten. Geparden entdecken Löwen oder Hyänen schneller, wenn sie in

Gruppen leben, in Wolfsgebieten sind Kojoten häufiger paarweise unterwegs. Größere Gruppen von Kojoten sind in der Lage, ihre Beute sogar gegen Bären oder Pumas zu verteidigen. Dasselbe gilt für Rudel von Afrikanischen Wildhunden, wenn sie gegen Tüpfelhyänen antreten. Jedenfalls tötet nicht in jedem Fall der Größere und Stärkere den Schwächeren, es gibt auch Auseinandersetzungen zwischen etwa gleich starken Arten, und ein Rudel Wölfe kann einen einzelnen Bären auch durchaus zur Strecke bringen.

Die Gründe für dieses Verhalten sind vielfältig und sicher noch nicht vollkommen bekannt. Hier geht es um Nahrungskonkurrenz, um Verdrängung, um Baue und Wurfhöhlen, um Gefahr für die Jungen, vielleicht auch um Jagdmöglichkeiten, aber ebenso auch schlicht und einfach um Beute – in Zeiten von Nahrungsknappheit werden kleinere Raubwildarten auch von größeren gefressen. Dabei ist zu erwähnen, dass Katzen reine Fleischfresser sind, während zum Beispiel viele Hundeartige, so wie der Rotfuchs, eine Nahrungspalette nutzen, die sich nicht nur auf Fleischkonsum beschränkt.

Eine Literaturstudie aus den 1990er-Jahren zeigt, dass Mangusten, Schleichkatzen und Kleinbären anderen Raubwildarten kaum oder gar nicht gefährlich werden. Marder dagegen fallen zwar anderen Arten häufig zum Opfer, töten aber ihrerseits andere Arten – meist betrifft dies wohl kleinere Marderarten. Eindeutig die größte Anzahl von Zwischenfällen mit tödlichem Ausgang geht auf das Konto von Raubkatzen. An zweiter Stelle folgen die Hunde. Interessant ist dabei noch, dass der größte Anteil jener Raubwildarten, die nachweislich andere töten, in die Gewichtsklasse zwischen 10 und 50 Kilogramm fällt. Es sind also nicht die ganz Großen, die den anderen besonders häufig gefährlich werden. Die meisten Opfer fallen dagegen eindeutig in die Kategorie unter 10 Kilogramm. Die kleinere Art kann zwar die Jungen einer größeren Raubwildart töten, generell wird aber der Große dem Kleinen gefährlich. Von Fall zu Fall gibt es auch

Auseinandersetzungen zwischen erwachsenen Tieren der einen und halb erwachsenen der anderen Art. So ist zum Beispiel zu erklären, dass Füchse Dachse töten: Ein erwachsener Fuchs wird einem erwachsenen Dachs kaum gefährlich, sehr wohl aber kann er einen halbstarken überwältigen. Wie steht es nun um den Fuchs in diesem Wechselspiel?

Der Fuchs im Wechselspiel der Raubtiere

Luchs

Geht es um Raubwild, das dem Fuchs gefährlich werden kann, dann steht nach allem, was in der Literatur zu finden ist, der Luchs an erster Stelle. Dabei umfasst dies den Amerikanischen Rotluchs ebenso wie den Nordamerikanischen, den Eurasischen und den Pardelluchs auf der Iberischen Halbinsel. Studien aus

Luchs.

Der Luchs ist jenes Raubtier, das dem Fuchs am gefährlichsten wird. Gefressen werden geschlagene Füchse aber vom Luchs nicht immer.

den Schweizer Alpen und dem Jura belegen, dass dort Rehe 60 Prozent der Luchsbeute ausmachen, 25 Prozent entfallen auf Gams, auf Füchse entfallen aber immerhin noch 4 Prozent. Die Ergebnisse stammen aus den Schweizer Telemetrieprojekten über den Luchs, dabei wurde im Jura der höchste Anteil an gerissenen Füchsen entdeckt. Füchse wurden von den Luchsen nicht nur getötet, sondern auch gefressen. Auch wenn die Anzahl der Füchse im gesamten Nahrungsspektrum hinter Reh und Gams weit zurückliegt, so zeigten die Schweizer Luchsstudien dennoch, dass nach dem Ansteigen der Fuchsbestände in den 1990er-Jahren der Fuchs zum drittwichtigsten Beutetier für den Luchs geworden ist.

Ein Fuchs reicht für einen Luchs aber nur ein bis zwei Tage. Skandinavische Studien belegen, dass ein Teil der Füchse, die vom Luchs getötet werden, gar nicht gefressen werden. In einer norwegischen Studie wird angegeben, dass 7 von 19 durch den Luchs getötete Füchse nicht genutzt wurden. In Schweden wurden Füchse telemetriert, die Hälfte aller Ausfälle von Füchsen mit Sender ging auf das Konto von Luchsen. Nach der Wiederbesiedlung von Regionen durch den Luchs gingen dort die Fuchsbestände zurück. Die Schweden folgern, dass die Ausfälle bei den Füchsen, die auf Kosten des Luchses gehen, kaum kompensiert werden können. Der Bestandesrückgang beim Fuchs in dem schwedischen Untersuchungsgebiet ließ sich deshalb größtenteils über den Einfluss des Luchses erklären. Die Wildbiologen folgern: *„Unsere Ergebnisse weisen darauf hin, dass Rotfuchsbestände deutlich begrenzt werden können, wenn sich der Luchsbestand erholt."*

Dieselben Wildbiologen kommen mit fortlaufender Beobachtung aber auch zu dem Schluss, dass der Einfluss von Luchs auf Fuchs nicht nur negativ für die eine Seite ist. Das Reh zählt in Skandinavien ebenfalls zu den wichtigsten Beutetieren für den Luchs. Die Schweden stellten fest, dass Füchse in Luchsgebieten von den Rehrissen im Winter profitieren, weil sie die Überreste nutzen. Das bestätigen auch die Schweizer Luchsforscher. Ein Viertel aller Luchsrisse wurde dort im Nachhinein von anderen Tieren besucht. Die Hälfte davon waren Füchse, 40 Prozent Kolkraben, vereinzelt auch Hunde, Katzen oder Wildschweine. Während aber Kolkraben an den Kadaver gehen, sobald sie ihn entdeckt haben, berichtet Anja Molinari-Jobin, dass sich Füchse erst an einen Luchsriss wagen, wenn der Luchs nicht mehr zurückkommt. Zwei Mal fand sie bei ihrer Arbeit neben einem Riss einen getöteten Fuchs. Insgesamt scheint es weit verbreitet, dass Füchse von Luchsen gerissen werden, der Fuchs dient dabei aber nicht immer als Nahrungsquelle. Dennoch kann daraus nicht allgemein auf einen effektiven Einfluss durch den Luchs auf die Entwicklung der Fuchsbestände geschlossen werden. Lokal ist das aber möglich. Wir werden noch klären, womit dies zusammenhängt.

Wolf

Füchse profitieren von Wolfsrissen. Sie warten aber in der Regel, bis Wolf oder Bär von einem Riss abziehen. Füchse meiden auch Luderplätze nicht, an denen Bär oder Wolf auftauchen – ich konnte jedoch nie zwei Arten gleichzeitig dort beobachten. Aus eigener Erfahrung kann ich sagen, dass von einem Reh oder einem Rotwildkalb, das von Wölfen gerissen wird, im Winter kaum irgendetwas überbleibt, Raben und Füchse nutzen die Beutereste fast vollständig. Wölfe rauben vielleicht per Zufall das ein oder andere Futterversteck von Füchsen aus, sie vertreiben einen Fuchs auch von einem Riss – in der Regel nimmt der ohnehin selber Reißaus. Es ist belegt, dass Wölfe Füchse gelegentlich auch töten, das geschieht jedoch nur selten. Arktische Wölfe jagen Polarfüchse, wenn die Nahrung knapp wird. Wölfe erweitern manchmal Fuchsbaue, um dort ihre eigenen Welpen zur Welt zu bringen, Wolf und Fuchs sind jedoch keine direkten Konkurrenten.

Kojote

Ganz anders liegen die Dinge beim kleineren Kojoten, welcher bezüglich Körpergröße und Beutespektrum dem Fuchs weit näher steht. Neben den Luchsen scheinen Kojoten in Nordamerika die zweitwichtigsten Raubfeinde für Füchse darzustellen. Dabei spielt beim Kojoten aber auch direkte Konkurrenz eine entscheidende Rolle. Fuchs und Kojote sind beide opportunistische Raubwildarten, deren Nahrungsspektrum teilweise deutlich überlappt. Das heißt, Kojoten jagen und töten Füchse, und sie konkurrieren um ein ähnliches Beutespektrum. Auch wenn die Vorkommen beider Arten überlappen, führt dies dazu, dass Füchse in weniger geeignete Bereiche abgedrängt werden, wo es weniger Kojoten gibt. Schon früh wird berichtet, dass Füchse Gebiete, in denen Kojoten leben, meiden, vor allem, wenn sie ihre Jungen großziehen. Wurfbaue liegen daher oft am Rande oder außerhalb von Gebieten, wo sich Kojoten gerne aufhalten. Dort ist aber meist auch das Beuteangebot geringer. Das heißt, der Kojote kann sich die besseren Jagdgründe aussuchen. Der Fuchs ist aufgrund der breiten Nahrungspalette, die er nutzen kann, jedoch viel elastischer, womit er neben dem Kojoten, wenn auch in geringeren Dichten, besteht. Dennoch zählt der Kojote zu den wenigen Raubtieren, die Vorkommen und Verbreitung von Rotfüchsen einengen.

Dachs

Dann und wann gibt es auch Auseinandersetzungen zwischen Dachs und Fuchs, auch wenn beide immer wieder dieselben Bauanlagen nutzen. Man nimmt an, dass Füchse vor allem deshalb Dachsbaue für die Unterbringung ihrer Welpen benützen, weil es im Dachsbau wärmer ist. Bekannt ist dies auch von Marderhunden, die ja eine Winterruhe halten und im Dachsbau bessere Temperaturverhältnisse vorfinden als in einem selbst

Dachs.
In der Regel kommen Fuchs und Dachs gut miteinander aus. In Ausnahmefällen tötet der Dachs Fuchswelpen – und umgekehrt.

angelegten Winterlager. Dachse können Fuchswelpen aber auch umbringen – umgekehrt gilt dies für Füchse auch.

Beobachtungen in England zeigen, dass dort der Dachs dem Fuchs gegenüber dominant ist. Dabei kam es bei der Nahrungssuche selten zu direkten Angriffen, Körperkontakt gab es nie, vorher weicht der Fuchs dem Dachs. Diese Beobachtungen führten zu der Vermutung, dass es da und dort Konkurrenz um Nahrungsquellen zwischen Dachs und Fuchs gibt. Untermauert wird die These, weil in Gebieten, wo Rindertuberkulose auftritt, der Dachs als Überträger der Krankheit stark bekämpft und verfolgt wird. Nach erfolgreicher Dachsbekämpfung stiegen dort die Fuchsdichten auf das Doppelte im Vergleich mit jenen Vorkommen, wo der Dachs nicht reguliert wurde.

Marder

Einen Zusammenhang zwischen Fuchsdichten und einer anderen Marderart fanden die Schweden heraus. Hier geht es um den Edelmarder und eine Räudeepidemie, welche die Fuchsbestände dezimierte. Mit abnehmendem Fuchsbestand nahm der Edelmarder zu. Die Wildbiologen haben Jagdstrecken sowie Spurenkartierungen ausgewertet, und sie kommen dabei zum Schluss, dass der Fuchs einen ernstzunehmenden Regulationsfaktor für den Edelmarder darstellt. Sie untermauern dies zusätzlich mit 16 Fällen, wo sicher festgestellt werden konnte, dass ein Fuchs einen Edelmarder umgebracht hat.

Studien zu Konkurrenz zwischen Edelmarder und Rotfuchs gibt es mehrere. Die Ergebnisse zeigen, dass sich die Nahrungsnischen von Rotfüchsen und Edelmardern überlappen, wobei dies im Winter stärker der Fall zu sein scheint.

Edelmarder.

Füchse bringen Edelmarder um, wenn sie ihrer habhaft werden können – ebenso Iltis und Wiesel.

Belegt sind auch direkte Angriffe von Füchsen auf Iltis und Wiesel. Dabei ist in diesem Zusammenhang vielleicht noch ein Fall von Interesse. Er zeigt, dass sich ausnahmsweise der Spieß auch umdrehen kann. Eine Kurzmitteilung aus Polen dokumentiert, dass Edelmarder auch Füchse töten. Wie ist das möglich? Mittels automatischer Kamera wurde ein Fuchsbau in Polen überwacht. Dabei wurde ein Edelmarder fotografiert, der mehrmals in den Wurfbau eindrang und wenigstens zwei Jungfüchse umgebracht hat.

Greifvögel und Eulen

Von den Greifvögeln kann eigentlich nur der Steinadler dem Fuchs wirklich gefährlich werden. Das geschieht dann, wenn der Fuchs bei Tag unterwegs ist. Im Zuge von Kontrollen an vier Adlerhorsten in der Steiermark wurde nur ein Beutenachweis für einen Jungfuchs erbracht, dabei waren aber auch zwei Baummarder und ein kleiner Hund. Der Schweizer Heinrich Haller weist für Graubünden unter rund 250 Beutetieren nur 4 Füchse aus, es waren ebenfalls Jungtiere. Für schottische Steinadler ist belegt, dass sowohl Alt- als auch Jungfüchse geschlagen werden. Selbst konnte ich nur einmal einen Adlerangriff auf einen Rotfuchs beobachten. Das war im Schweizer Nationalpark, wo mehrere Adler einen Fuchs jagten. Der Fuchs wurde von einem der Adler gegriffen, konnte sich jedoch befreien und dürfte dann wohl zwischen Steinen oder in einem Bau Zuflucht gefunden haben. Ins Beutespektrum des Uhus fällt der Rotfuchs nur in Ausnahmefällen. Langjährige Studien im Donautal und in angrenzenden Seitentälern in Niederösterreich erbrachten keinen einzigen Nachweis für einen Fuchs, der vom Uhu geschlagen wurde.

Mesoprädatoren – wenn der Druck auf die mittlere Liga nachlässt

Als „Mesoprädatoren" bezeichnet man mittelgroße Raubwildarten. Darunter fallen Füchse, Kojoten, Schakale, Waschbären, in vielen Gebieten könnte man heute auch die Hauskatzen dazuzählen. Zu den Spitzenprädatoren zählen in unseren Breiten der Wolf, der Luchs und der Bär. Ende der 1980er-Jahre wurde eine Theorie ins Leben gerufen, die besagt, dass der Ausfall der Spitzenprädatoren in weiten Teilen Europas und Nordamerikas zu einem dramatischen Anstieg mittlerer und kleiner Raubwildarten geführt hat und dass dies wiederum drastische Auswirkungen auf deren Beutetiere sowie auf ganze Ökosysteme hatte. Im Extremfall soll dies bis zur Destabilisierung ganzer Lebensgemeinschaften und zum Aussterben einzelner Arten führen. Der Fachbegriff dafür lautet „mesopredator release" – also die „Befreiung mittelgroßer Prädatoren". Eingehende Studien dazu gibt es aus Nordamerika. Sie zeigen, dass dort Spitzenprädatoren während der letzten zweihundert Jahre in den östlichen und zentralen Teilen der Vereinigten Staaten völlig verschwunden sind, mit Ausnahme von Britisch Kolumbien und Alaska haben ihre Bestände in allen Regionen abgenommen, wohingegen sich die Verbreitungsgebiete der Mesoprädatoren um 60 Prozent erweitert haben. Führt der Zusammenbruch eines Wolfsbestandes aber automatisch zur Zunahme und Ausbreitung der Kojoten? Steht die Ausrottung der Luchse in Verbindung mit der Ausbreitung der Füchse? Welchen Einfluss haben Lebensraumveränderungen in diesem Zusammenhang?

Tatsache ist, dass einzelne Studien belegen: Spitzenprädatoren haben regulierenden Einfluss auf kleinere Raubwildarten. Auf das Beispiel von Luchs und Fuchs in Schweden wurde bereits hingewiesen. Wölfe in und um den Yellowstone Nationalpark begrenzen die Bestände von Kojoten, und Kojoten wiederum beeinflussen das Vorkommen von Füchsen. Kojoten sind in Trockengebieten die Hauptfeinde der kleinen Swiftfüchse; im Süden Kaliforniens gilt dies ebenso für Hauskatzen. Doch bleiben wir in Europa, und gehen wir in ein Land, das noch große naturnahe Regionen aufweist und wo neben dem Fuchs auch noch alle drei großen Beutegreifer leben – nach Finnland. Dort wurde die Beziehung zwischen Fuchs, Luchs, Schneehase und Lebensraum eingehend untersucht. Von Bedeutung dabei ist: Hier kommt der Lebensraum mit ins Spiel! Zugutegekommen ist den Forschern das finnische „Wildtier-Triangel-System", mit dem dort seit rund sechzig Jahren alljährlich zweimal Nachweise für rund 35 Wildarten gesammelt werden. Es baut auf sehr viel freiwilliger Arbeit auf. Finnische Jäger kartieren dabei entlang von vier Kilometer langen Routen, die jeweils die Seiten eines Dreiecks (Triangels) darstellen, Spuren, Beobachtungen oder Losungen von Wildtieren. Im Sommer wird vor allem nach Nachweisen für Raufußhühner gesucht, im Winter werden Spuren und Fährten kartiert.

Das Besondere an dieser finnischen Studie ist, dass sie die Produktivität des Landes beziehungsweise der Lebensräume miteinbezieht. Was ist damit gemeint? Mit der Produktivität wird vereinfacht umschrieben, wieviel Biomasse an Tieren und Pflanzen ein Ökosystem hervorbringt, es geht also darum, wie ergiebig eine Region ist. In Finnland ist dies leicht darzustellen, weil es hier einen deutlichen Gradienten von den borealen Nadelwäldern in der Mitte des Landes bis zu den klimatisch milderen, stärker besiedelten und landwirtschaftlich genutzten Regionen im Südwesten gibt. Die Fuchsdichten folgen diesem Gradienten ganz augenfällig, soll heißen: viele Füchse im Südwesten, wenig im Nordosten. Bei Luchs und Schneehase ist dies umgekehrt, sie kommen in den klimatisch rauen Regionen im Nordosten häufiger vor. Dort ist der Luchs in der Lage, den Fuchsbestand niedrigzuhalten, was sich wiederum positiv auf die Schneehasenbesätze auswirkt. Nachdem in Finnland Wolf und Luchs im 19. Jahrhundert vor allem in den südlichen, stärker produktiven Landesteilen ausgerottet wurden, sind dort die Fuchsbestände – gemessen an den Strecken – stark angestiegen. In diesen produktiven Lebensräumen trifft die Theorie von der „Befreiung der Mesoprädatoren“ also zu. Weiter im Norden war das nicht der Fall.

Der Einfluss von Spitzenprädatoren auf kleinere Raubtiere muss also in Zusammenhang mit dem jeweiligen Lebensraum gestellt werden. In ergiebigen Lebensräumen mit hoher Produktivität nimmt er ab, weil hier Generalisten wie der Fuchs auf viele alternative Nahrungsquellen zugreifen können und weil sie besser mit fragmentierten Lebensräumen und der Nähe des Menschen zurechtkommen.

KURZ & BÜNDIG

- Luchse töten Füchse, wenn sich die Gelegenheit dazu ergibt.
- Wölfe töten Füchse nur sehr selten. Im Gegenteil: Füchse können durchaus von Wolfsrissen profitieren.
- Fuchs und Dachs leben in aller Regel friedlich miteinander. Im Ernstfall dominiert der Dachs.
- Greifvögel werden dem Fuchs nur höchst selten gefährlich. Wenn, dann schlägt noch am ehesten der Steinadler den Fuchs.
- Mittelgroße Raubwildarten wie Fuchs und Schakal stehen heute in Mitteleuropa an der Spitze der Nahrungspyramide. Der Unterschied zu den Großraubtieren ist, dass diese Mittelgroßen zahlenmäßig viel häufiger auftreten.

Krankheiten

Noch in den 1970er- und 80er-Jahren war kaum ein Artikel über den Rotfuchs möglich, ohne auf die Tollwut einzugehen. Heute steht der Fuchsbandwurm im Fokus, weil er ebenfalls Menschen gefährlich werden kann. Starken Einfluss auf die Bestandesdynamik haben auch immer wieder Räudeepidemien, doch wird dies meist nur in Jägerkreisen wahrgenommen.

Kleiner Fuchsbandwurm *(Echinococcus multilocularis)*

Der Rotfuchs ist der Hauptwirt für diesen Bandwurm, der nur wenige Millimeter groß wird. Als Zwischenwirte treten vor allem Wühlmäuse auf, daneben andere kleine Nagetiere oder Hasen. Aus dem Dünndarm des Fuchses scheidet der Bandwurm Eier ab, die dann mit dem Kot in die Umwelt gelangen. Nachdem ein Zwischenwirt die Eier aufgenommen hat, schlüpft dort eine Larve und bohrt sich durch die Darmwand. Von dort kommt sie über die Blutbahn in die Leber des Zwischenwirtes. In der Leber bilden sich Blasen mit Finnen, also ein zweites Larvenstadium. Aus diesem entstehen durch Knospung wieder neue Finnen.

Durch die Erkrankung wird der Zwischenwirt schwächer und kann so leichter erbeutet werden. Selbst wenn Organversagen und Tod eintreten, bleiben die Finnen aber noch infektiös. Wird die Maus oder deren Kadaver wieder vom Fuchs gefressen, dann gelangen die Finnen in den Darm des Endwirtes, dort entwickeln sie sich wieder zu erwachsenen Bandwürmern, und der Fortpflanzungszyklus kann erneut beginnen.

Der Mensch ist hier ein Fehlwirt, da bei ihm ja der Zyklus endet, dennoch kann die Aufnahme von Bandwurmeiern auch für ihn lebensbedrohlich werden. Auf Waldbeeren sind die Eier des Bandwurms nur in geringem Ausmaß, viel eher sind sie in der Walderde, auf der Bodenvegetation und schlussendlich auf Schuhsohlen. Die Larven gelangen beim Menschen ebenso in die Leber, die Knospung erfolgt dort aber viel langsamer, sodass die ersten Symptome meist erst nach Jahren auftreten. Beim Menschen spricht man von „alveolärer Echinokokkose". Es ist eine schwere Krankheit, die mit der Zerstörung des Lebergewebes einhergeht. Die Krankheit ist in Mitteleuropa selten und tritt vor allem lokal auf, könnte aber durch Zuzug von Füchsen in Siedlungsgebiete zunehmen. In Zürich wurde bereits um das Jahr 2000 festgestellt, dass sich ein urbaner Lebenszyklus beim Kleinen Fuchsbandwurm etabliert hat und dass damit ein Infektionsrisiko für die städtische Bevölkerung ebenso wie für Hunde und Katzen besteht. Geht es nach der Anzahl der Erkrankungen beim Menschen, dann sind derzeit Süddeutschland, die Schweiz sowie angrenzende Teile Frankreichs und Österreichs am meisten betroffen.

Eine Entwurmung mit Hilfe von präparierten Ködern für die Füchse ist möglich und wird in Teilen Deutschlands auch erfolgreich durchgeführt. Das Infektionsrisiko konnte damit gesenkt werden. Dabei geht es darum, den Zyklus zwischen Wirt und Zwischenwirt zu unterbrechen. Erfolgreich kann dies jedoch nur dann sein, wenn die Bekämpfung über Jahre erfolgt.

Fuchsräude

Die Fuchsräude wird durch eine Grabmilbe *Sarcoptes scabiei var. vulpes* verursacht. Sie ist wirtsspezifisch, kann aber auch bei Hunden, Mardern oder Luchsen auftreten. Beim Menschen führt der Kontakt zu Hautirritationen, die jedoch wieder abheilen. Die weiblichen Milben legen Bohrgänge in der Haut an, um dort ihre Eier abzulegen. Dies führt zu Hautreizungen, zu starkem Jucken, Haarausfall und in der Folge auch zu Hautverkrustungen, die teilweise aufbrechen, wobei tiefe Risse ent-

Fuchsbegegnung.
Im Zuge solcher Begegnungen kann die Fuchsräude übertragen werden. Am häufigsten geschieht dies in der Ranz und in der Zeit der Welpenaufzucht.

stehen. Verantwortlich dafür sind allergische Reaktionen auf Speichel und Kot der Milben. Die Haut des Wirtstieres reagiert darauf, indem die Grabgänge verhornen; die Milben ihrerseits versuchen die Hornschichten durch ihren Speichel wieder aufzulösen. Gelingt ihnen das nicht, dann kann es zur Selbstheilung kommen. In der Regel magern die Tiere aber stark ab, und die meisten sterben daran. Der Tod tritt binnen drei Monaten ein. Wie gesagt, ein Teil der Füchse heilt diese Hauterkrankung aber auch aus.

Sarcoptes-Milben gibt es weltweit, bei Raubtieren werden vor allem Rotfüchse befallen. Die Milben überleben nur etwa acht bis zehn Tage, dennoch bricht die Krankheit immer wieder in Fuchsbeständen aus. Vermutet wird, dass die Parasiten latent vorhanden sind, dass aber die Krankheit nur unter bestimmten Voraussetzungen ausbricht. Übertragen wird sie in der Regel direkt von Tier zu Tier, besonders im Winter zur Paarungszeit und während der Aufzucht der Welpen. Die Ansteckung kann aber auch indirekt in Bauen erfolgen. Für den Verlauf der Krankheit ist es entscheidend, ob die Räude bereits im Bestand vorhanden ist oder ob die Tiere noch nie Kontakt mit den Räudemilben hatten. In letzterem Fall gibt es große Verluste, und die Krankheit verläuft epidemisch.

Nach Ausbruch der Räude im Jahr 1994 in der englischen Stadt Bristol war die Sterblichkeit unter den Jungfüchsen höher als davor, die Zahl der Jungfüchse, die aus den Streifgebieten ihrer Eltern abwanderten, verringerte sich. Die Räude verminderte das Fortpflanzungspotential bei Rüden und Fähen. Fähen, mit Räude im fortgeschrittenen Stadium brachten keine Jungen zur Welt, bei stärker befallenen Rüden wurden keine Spermien mehr gebildet. Die Fuchspopulation in Bristol schrumpfte im Zuge der Epidemie um mehr als 95 Prozent! Die Seuche breitete sich in der Stadt mit einer Geschwindigkeit von 0,6 bis 0,9 Kilometer je Monat aus. Zuvor war die Fuchsdichte in Bristol hoch. Bei Haushunden trat die Krankheit mit etwa ein bis zwei Monaten Verspätung auf. Noch zehn Jahre später war die Fuchsdichte in der Stadt auf nicht mehr als 15 % des Ausgangsbestandes vor der Räude angewachsen.

Ähnliche Ergebnisse gibt es auch aus Schweden. Die Räude ist dort ausgehend von Estland über Finnland in den 1970er-Jahren eingebrochen. Sie breitete sich dann über das gesamte Land bis nach Norwegen aus. Dies führte dazu, dass die Fuchsdichten innerhalb von zehn Jahren um bis zu 95 Prozent verringert wurden. Nachfolgend waren die Dichten 15 bis 20 Jahre lang deutlich geringer als vor der Epidemie.

In Spanien ist die Fuchsräude seit dem 19. Jahrhundert bekannt und weit verbreitet. Dort entdeckte man Zusammenhänge zwischen der Lebensraumqualität und dem Auftreten der Krankheit. Vermutet wird, dass geschwächte Tiere, deren Immunsystem belastet ist, anfälliger gegen die Krankheit sind.

Tollwut

Berichte über die Tollwut gibt es schon seit etwa 3.500 Jahren. Sie führt bei Mensch und Tier fast ohne Ausnahme zum Tod und zählt zu den gefährlichsten Infektionskrankheiten. Der Erreger ist ein Virus, das bei Menschen und Tieren eine akute Gehirnentzündung auslöst. Pflanzenfresser sind weniger häufig betroffen. Für Vögel besteht nur geringes Krankheitsrisiko, weil sie eine hohe Körpertemperatur haben. Das Virus ist empfindlich gegenüber hohen Temperaturen. Raubtiere und Fledermäuse scheinen für die Tollwut besonders empfänglich. In Europa zählte der Fuchs im 20. Jahrhundert zu den wichtigsten Überträgern der Krankheit, in Indien sind streunende Hunde eine der Hauptinfektionsquellen. Weltweit zählen Hunde zu den häufigsten Überträgern des Virus auf den Menschen.

Das Virus kann die intakte Haut nicht durchdringen, erst durch Biss- oder Kratzwunden können die im Speichel vorhandenen Viren in den Körper eintreten. Über Nervenzellen und Nervenbahnen gelangen sie dann zum Rückenmark und ins Gehirn. Die Inkubationszeit beträgt knapp drei Wochen. In diesem Stadium ist der Fuchs zwar infiziert, aber noch nicht ansteckend.

Vom Zentralnervensystem breitet sich das Virus in alle Körperteile aus, auch in die Speicheldrüsen. So kommt es wieder in den Speichel und kann sich dadurch erneut weiterverbreiten. Jetzt ist der Fuchs ansteckend, auch wenn die ersten Krankheitssymptome oft erst nach einer Woche zu erkennen sind.

Es gibt die rasende und die stille oder stumme Wut. Die Bezeichnung bezieht sich auf die Krankheitssymptome. Bei tollwutkranken Füchsen treten Verhaltensänderungen auf, die Tiere sind unruhig, zeigen erhöhte Beißlust, Schluckstörungen, verlieren jede Scheu vor Menschen, es gibt Kontakt oder Raufereien mit Hunden, und es tritt starker Speichelfluss auf, später kommen Krämpfe und Lähmungserscheinungen dazu – alles typische Merkmale der rasenden Wut. Bei der stillen Wut beginnt die Krankheit gleich mit Lähmungserscheinungen, das heißt, es fallen die auffällig unruhigen Verhaltensweisen weg, die Tiere verkriechen sich und leiden unter fortschreitender Lähmung. Unterschieden wird auch zwischen der „urbanen" und der „sylvatischen" Wut. Dies bezieht sich jedoch nur auf die hauptsächlichen Wirtstiere, welche ein Reservoir für den Erreger darstellen. Im ersten Fall sind dies Haustiere, meist Hunde, im zweiten Fall sind dies Wildtiere, meist Füchse, Marder, Wölfe, Stinktiere, Waschbären, Mangusten oder Schakale – je nach Region und Vorkommen.

Nur wenige Länder der Welt sind heute tollwutfrei, mit Ausnahme Australiens kommt das Virus auf jedem Kontinent vor. Auf Inseln wie Neuseeland, Japan, Neuguinea oder Island kommt das Virus nicht vor. In Europa gelten derzeit Deutschland, Belgien, Österreich, Tschechien, die Schweiz, Frankreich, Großbritannien mit Irland, ebenso wie Skandinavien und Finnland als tollwutfrei. Wenn auch selten, so geschieht es dennoch immer wieder, dass das Virus eingeschleppt wird, indem zum Beispiel herrenlose infizierte Hunde aus dem Urlaub mit nach Hause genommen werden. Die meisten Menschen fallen dem Tollwutvirus in Afrika zum Opfer, danach folgen Indien, Afghanistan, Nepal und einige südostasiatische Länder.

Tollwutepidemien sind seit dem Mittelalter bekannt. Die Überlieferung aus der griechischen Mythologie, nach welcher Akteon, der Jäger, von seinen Hunden zerrissen wurde, weil er Diana beim Baden gesehen und sie ihn deshalb in einen Hirsch verwandelt hat, wird bereits in Zusammenhang mit der Tollwut gebracht. Die Wahrscheinlichkeit ist hoch, dass eine Hundemeute in Kontakt mit einem tollwütigen Fuchs kommt. Fallen die rasenden Hunde ihren Herrn an, dann ist die Deutung aus der Antike, nach der sie ihn als Hirsch annehmen, kaum noch nötig, das Ereignis ist auch so spektakulär genug.

Europa wurde immer wieder von Tollwut heimgesucht. Die Epidemie im vorigen Jahrhundert hat sich 1939 von Polen über 1.400 Kilometer nach Westen ausgebreitet. Im Jahr schritt die Seuche über 20 bis 60 Kilometer voran, sie erreichte Deutschland 1950, Frankreich 1968 und Italien 1977. Tollwutepidemien brachen in Europa immer wieder während oder kurz nach Kriegen aus, wobei Hunde mit zu den Hauptüberträgern zählten. Die Hundetollwut ist heute aus Mitteleuropa verschwunden, weil die Impfung gegen die Krankheit mittlerweile verpflichtend ist. Die Verminderung der Fuchsbestände führte nicht zum gewünschten Erfolg in der Tollwutbekämpfung. Die Infektionskette reißt erst ab, wenn sich der Bestand um rund zwei Drittel verringert, lokal verschwinden Füchse während einer Epidemie vorübergehend auch vollständig. Sehr wohl erfolgreich war jedoch die Impfung der Wildtiere über Köder, die mit Impfstoff versehen sind. Nach den Impfaktionen in den 1980er- und 90er-Jahren wurde Mitteleuropa weitgehend tollwutfrei – bis heute.

KURZ & BÜNDIG

- Der Kleine Fuchsbandwurm wird zwar dem Fuchs nicht gefährlich, wohl aber dem Menschen. Obwohl nur Fehl-Zwischenwirt, kann der Mensch durch diesen Parasiten schwer erkranken.
- Starker Befall mit Räudemilben kann beim Fuchs binnen drei Monaten zum Tod führen. Die Fuchsbestände werden heute oft durch Räudeepidemien stark verringert.
- Die Tollwut kommt weltweit vor. In Mitteleuropa sind heute viele Länder aufgrund der Immunisierung des Fuchsbestandes tollwutfrei.

Jagd und Bestandeskontrolle

Auf Einfluss und Möglichkeiten der Jagd zur Kontrolle der Fuchsbestände wurde bereits kurz im Kapitel über Wilddichte und Bestandesdynamik hingewiesen (Seite 86 ff). Dabei ging es um ein Beispiel aus Polen. Die jagdlichen Strategien und deren Effektivität wurden in Zusammenhang mit der Entwicklung der Niederwildbestände und dem Verbot der traditionellen Fuchsjagd zu Pferde aber besonders in England eingehend untersucht. Dabei ist hier anzumerken, dass der Begriff „Jagd" in Verbindung mit der Kontrolle von Wildtierbeständen oft weit gefasst wird – das Töten von Fuchsjungen am Bau hat wenig mit Jagd zu tun, Empfängniskontrolle oder der Einsatz von Gift, wie zum Beispiel gegen Füchse in Australien, sind eindeutig unter einem anderen Gesichtspunkt zu betrachten und zu definieren.

Welche Wege gibt es, um die Fuchsbestände in einer Region zu regulieren? Englische Wissenschaftler haben die Wirkung von vier verschiedenen Strategien verglichen: Jagd mit Hunden; Ansitz im Winter; Jagd mit Bauhunden beziehungsweise Fang und Töten der Jungfüchse im Frühjahr am Bau; und Empfängniskontrolle. Herausgekommen ist dabei, dass die Austilgung im Frühjahr am Bau die effektivste Methode war, während Empfängniskontrolle die ungünstigste Variante darstellte. Als „Region" wurde ein Gebiet von rund 16.000 Hektar erfasst – also in etwa doppelt so viel, wie die Revierfläche bei dem erwähnten Beispiel aus Polen. Die Engländer kommen zu dem Schluss, dass die effektive Kontrolle einer Fuchspopulation auf regionaler Ebene nur dann möglich ist, wenn die Zuwanderung von außen gering ist oder unter Kontrolle gehalten werden kann – also dasselbe Ergebnis wie beim praktischen Versuch in Polen.

Nehmen wir noch ein praktisches Beispiel aus Wales im United Kingdom dazu. In diesem Fall wurden 29 Wälder mit einer durchschnittlichen Fläche von 2.100 Hektar in die Auswertung einbezogen. Im Herbst zur Zeit der Abwanderung und im Frühjahr zur Wurfzeit wurden Losungskartierungen in diesen Waldflächen durchgeführt, um so auf die Dichte der Füchse rückzuschließen. Man wollte wissen: Wirkt sich die Jagd auf die Bestandesdichte aus?

Über den Winter wurden die Füchse bejagt. Die Anzahl der erlegten Füchse wurde mit den Losungsnachweisen im Herbst davor und Frühjahr danach verglichen. Um es kurz zu machen: Zunächst fanden die Engländer heraus, dass das Nahrungsangebot im Winter eine wichtige Rolle spielt, wenn es um die Veränderung der Fuchsdichten geht. Der Unterschied zwischen Herbst- und Frühjahrsnachweisen gab keinen eindeutigen Zusammenhang mit den Jagdstrecken! Die Nachweise von Herbst auf Frühling sind dort weniger geworden, wo weniger Füchse erlegt wurden, und sie sind dort mehr geworden, wo mehr Füchse erlegt worden sind. Damit die Sache nicht zu kompliziert wird, das heißt ganz einfach: Es wurden dort mehr Füchse erlegt, wo es mehr Füchse gab. Das „Angebot" hat also die Strecke beeinflusst. Der Bestand wurde damit nicht verringert. Auch in Schottland konnte nachgewiesen werden, dass die Winterjagd auf Füchse nicht effektiv die Bestände reduziert. Erklärt wird dies, wie in allen anderen Studien zu dem Thema, auch mit der Einwanderung von Füchsen aus Nachbarrevieren. In England ist das Jagdrecht mit Grund und Boden verbunden. Wie auch in anderen Ländern mit Reviersystem ist der Jagddruck also immer mosaikartig über eine Landschaft verteilt. Das heißt, es gibt Gebiete, wo Füchse intensiv bejagt werden, und es gibt dazwischen Bereiche, wo sie kaum oder gar nicht bejagt werden. Quell- und Sinkgebiete sind also auf Landschaftsebene unregelmäßig verteilt.

Damit ist nicht gesagt, dass Fuchsbejagung keinen Sinn macht, wenn es um die Erhaltung von Niederwild oder Raufußhühnern geht. Der positive Einfluss geringerer Fuchsdichten

Im Hochwinter.
So stimmungsvoll und reizvoll die Jagd auf den Winterfuchs ist: Wirklich effizient hinsichtlich einer Reduktion ist sie meist nicht.

auf die Bestandesentwicklung von Feldhase, Rebhuhn, Schneehase oder sogar von Rehkitzen ist ausreichend erwiesen. Die Studien zeigen aber eines: Selbst, wenn sehr große Fuchsstrecken erzielt werden, kann dies bedeuten, dass die Bestände gar nicht oder nur kurzfristig reduziert werden. Dazu kommt, dass mit der Verringerung der Fuchsdichten die Tragfähigkeit der Reviere stark angehoben wird. Das heißt zunächst, dass der Erfolg von Reduktionsbemühungen von Intensität, Dauer, Jahreszeit und der Zahl der einwandernden Tiere abhängt. Die Zuwanderung hängt wieder mit der Jagd in den umliegenden Gebieten beziehungsweise mit Pufferzonen zu angrenzenden Revieren zusammen. Die Winterjagd auf den Fuchs ist größtenteils wenig effizient, weil sie in einer Zeit stattfindet, wo viele Füchse über weite Strecken wandern.

Um es nochmals in Zahlen auszudrücken: Man geht heute davon aus, dass rund 60 bis 80 Prozent einer Fuchspopulation ausgeschaltet werden müssen, um eine effektive Bestandesreduktion zu erreichen. In der zuletzt erwähnten Studie aus Wales waren die Wälder im Mittel 2.100 Hektar groß. Wenn man annimmt, dass die Füchse dort Reviere mit einer mittleren Größe von 520 Hektar nutzten, dann sind das also etwa vier Reviere in einem Waldstück, welches von Weiden und Landwirtschaftsflächen umgeben wird. In jedem Revier leben 2 erwachsene Tiere, die 6 Junge zur Welt bringen und großziehen. Maximal wären dies dann 32 Füchse je Waldstück im Herbst. Natürlich stirbt ein Teil der Jungen bis zum Herbst, und ein Teil der Reviere wird sich vom Wald in die Wiesen hinaus erstrecken, der Punkt ist aber: Im Durchschnitt wurden im Winter 56 (!) Füchse in jedem Waldstück erlegt – also beinahe doppelt so viele, wie unsere theoretische Rechnung ergibt. Wie die Nachweiskartierung im Frühjahr gezeigt hat, wurde damit dennoch nicht reduziert.

Eine Untersuchung aus Norwegen zeigt, dass Rüden Mitte des Winters an Luderplätzen deutlich häufiger erlegt werden – das ist jene Zeit, wo die jungen männlichen Tiere noch freie Reviere oder hitzige Fähen suchen. Angenommen wird auch, dass Rüden weniger scheu sind. Im März kehrte sich das Verhältnis dann um, und die Fähen überwogen in der Strecke. Erklärt wird dies mit deren Trächtigkeit. Trächtige Fähen haben einen höheren Energiebedarf und gehen um diese Zeit daher eher an Luderplätze. Die Norweger folgern daraus, dass die Jagd bis Mitte März deutlich mehr Einfluss auf die Bestandesentwicklung hat, weil damit einerseits Füchse erlegt werden, die revier- oder standorttreu sind, und weil mehr weibliche Tiere dabei sind.

Damit möchte ich abschließend noch auf einen Punkt eingehen, der bei allen Reduktionsbemühungen nicht vergessen werden sollte. Füchse sind intelligente, leidensfähige Wesen, die derzeit besonders von unserer Form der Landnutzung profitieren. Der Zweck heiligt aus meiner Sicht keinesfalls jedes Mittel.

Weidmannsheil im Winterwald.
Es gibt viele Arten der Fuchsjagd. Der Fuchs ist und bleibt ein spannendes Jagdwild, und gute Fuchsjagd lebt aus sich selbst heraus – ohne Regulierungsgedanken.

Besonders betrifft dies die Verfolgung von erwachsenen Tieren zur Zeit der Welpenaufzucht. Dort, wo Lebensraumverbesserung allein nicht ausreicht, um Wiesenbrüter, Raufußhühner oder andere gefährdete Tierarten zu erhalten, kann die Fuchskontrolle zur Unterstützung dieser Arten einen Beitrag leisten – das ist aber keine Freikarte.

Wenn der Zweck der Jagd auf den Rotfuchs also nur darin bestehen soll, ein ökologisches Ungleichgewicht auszugleichen, dann mögen hierbei Naturschützer, Jäger und Tierschützer vielleicht auf einen gemeinsamen Nenner kommen, weil dabei sozusagen rationale Überlegungen zugrundegelegt werden. Mit den herkömmlichen jagdlichen Möglichkeiten ist dies aber kaum möglich. Dass man zur Fuchsjagd ein wenig Verstand braucht, ist damit zum Teil belegt, wer hier aber nur rational dabei ist, der weiß nicht, was Fuchsjagen wirklich bedeutet…

Mythos Fuchs

Reineke Fuchs

> Nobel, der König, versammelt den Hof; und seine Vasallen eilen gerufen herbei mit großem Gepränge; da kommen viele stolze Gesellen von allen Seiten und Enden, Lütke, der Kranich, und Markart, der Häher, und alle die Besten. Denn der König gedenkt mit allen seinen Baronen Hof zu halten in Feier und Pracht; er lässt sie berufen alle miteinander, so gut die großen als kleinen. Niemand sollte fehlen! Und dennoch fehlte der eine. Reineke Fuchs, der Schelm! Der viel begangenen Frevels halben des Hofs sich enthielt. So scheuet das böse Gewissen Licht und Tag, es scheute der Fuchs die versammelten Herren. Alle hatten zu klagen, er hatte sie beleidigt. Und nur Grimbart, den Dachs, den Sohn des Bruders, verschont' er.
>
> *Johann Wolfgang Goethe*
> *(„Reineke Fuchs", Erster Gesang)*

Die Fabel, welche Goethe in ein Vers-Epos mit zwölf Gesängen verpackt hat, ist sicher ein Grund dafür, weshalb Reineke Fuchs auch heute noch vielen bekannt ist. Selbst wenn die meisten den genauen Inhalt nicht kennen, so weiß dennoch jeder, dass der schlaue Fuchs den anderen Tieren in dieser Geschichte immer wieder übel mitspielt und sich mit List und Tücke aus unangenehmen Lagen befreit. Was Goethe hier in Versen niedergeschrieben hat, ist jedoch lange vor ihm schon in Wort und Bild dargestellt worden. Die ersten literarischen Fassungen gab es bereits im Mittelalter. In dieser Zeit sind in Europa Erzählungen, in denen der Fuchs eine Rolle spielt, häufig nachzuweisen. Dabei wird der Fuchs „Reinardus", „Renart", „Reynart" oder „Reinhard" genannt. Der Name leitet sich von *regin* oder *ragin* („Rat") und *harti* („hart", „stark") ab und bedeutet so viel wie „starker Ratgeber" oder „Kundiger". Die Geschichten rund um den listigen Fuchs fanden weitverbreitet Anklang. Ausgehend von Frankreich über Belgien und die Niederlande wurden sie nach und nach bis hin nach Großbritannien in verschiedensten Volkssprachen weitergegeben.

Um 1500 wurde dann die erste niederdeutsche Fassung unter dem Titel „Reynke de vos" gedruckt. Aus Norddeutschland kam die Geschichte sogar in den skandinavischen Sprachraum und wurde auch dort zum Volksbuch. Deutlich wird bei allen Fassungen, dass die Tiere in der Fabel symbolisch für Institutionen oder Personen stehen. Dabei haben sich über die Jahrhunderte Bedeutung und Symbolik geändert – von Anfang an war aber jedenfalls immer ein lachendes Auge dabei. Das Epos ist also auch als Satire zu verstehen. Zunächst stand dabei das Verhältnis zwischen Geistlichen oder Mönchen und Laien im Zentrum, wobei der Fuchs gegenüber dem Wolf den Laien gibt. Später kommen mit Nobel, dem Löwen, Anspielungen auf den königlichen Hof dazu. Noch später wird dem Leser über den Fuchs ein Sündenspiegel vorgehalten.

Fuchs und Reineke sind in unserem Kulturraum kaum zu trennen. Das Sinnbild, für welches der Fuchs steht, ist oft zweideutig: Er steht für List und Schläue ebenso wie für Heimtücke oder Übervorteilung, gleichzeitig werden ihm aber auch wieder Weisheit und Weitblick zugeschrieben. Derjenige wird kaum falsch liegen, der annimmt, dass aufgrund von Erfahrungen und Erlebnissen mit Füchsen menschliche Charaktereigenschaften auf das Tier übertragen wurden. Im Christentum wurde der rote Fuchs sogar dämonisiert und zum Sinnbild für den Teufel. Ein Blick in die vorchristliche Zeit zeigt ein ganz anderes Bild.

Kornfuchs

Der Fuchs gehörte auch zu jenen Tieren, die mit dem griechischen Gott Dionysos in Verbindung gebracht werden. Der Sohn des Zeus und der Semele, zu dessen Müttern je nach Überlieferung aber auch Demeter, die Korngöttin, gezählt wird, wird in

Kornfuchs.

Der Kornfuchs kommt in den Mythen verschiedener Länder vor. Schon die alten Griechen brachten Füchse in Verbindung mit Fruchtbarkeit.

Verbindung gebracht mit Lebensfreude, mit Wein, Ekstase und Fruchtbarkeit. Zu seinem Gefolge zählten die Mänaden, auch „Bassariden" genannt: ekstatisch wild feiernde Frauen, die sich mit Hirsch- oder Fuchsfellen kleideten. Zurückgeführt wird deren Bezeichnung auf *bassaros* für den Rotfuchs. Da und dort wird Dionysos deshalb auch „Dionysos Bassaros", „fuchshafter Dionysos" oder „Bassareus, der Fuchsgott" genannt.

Wie weit nun Demeter oder Dionysos und die Bassariden ein Bindeglied zwischen Fruchtbarkeitskulten in Kleinasien und dem Kornfuchs in Frankreich oder Deutschland darstellen, bleibt offen. Gewiss ist, dass hierzulande der Fuchs immer wieder in Beziehung zu Korn und Getreideernte gesetzt wurde. Streifte der Wind durch die Getreidefelder, so sprach man vom „Kornfuchs", der durch die Felder ging. In manchen Gegenden hieß die letzte Garbe der „Fuchs". Auch beim Dreschen sprach man bei der letzten Garbe oft vom „Fuchs". Wenn die Burschen ihre

Sicheln nach der letzten Garbe warfen, wurde derjenige, der am besten getroffen hatte, der „Fuchs“ genannt. Jenem Bauern, der als letztes mit dem Dreschen fertig wurde, hat man auch einen Fuchs aus Garbenbüscheln vor die Tenne geworfen.

Teilweise mögen hier vorchristliche Fruchtbarkeitskulte mit herein spielen. Dies wird dadurch bekräftigt, dass es auch in anderen Kulturkreisen ähnliche Bräuche und Deutungen gibt. Wenn aber dem Schnitter zugerufen wird, dass er beim letzten Korn aufpassen soll, weil der Fuchs drinnen sitzt, oder dass der Fuchs herauskommt, dann ist das ebenso wie die Warnung an die Kinder „Spielt nicht im Korn, weil der Fuchs drin sitzt!“ wohl eher damit zu erklären, dass Füchse eben tatsächlich um diese Zeit sehr gerne in Kornfelder umziehen und dort vorübergehend Notbaue beziehen. Womit ich aber nochmals einen Schwenk zurück zu den ersten Ackerbauern in Vorderasien machen möchte. Wenn Füchse dort in Getreidefeldern neue Sommerlebensräume entdeckt haben, dann ist der Kornfuchs als Tier, das hier sonst keinen großen Schaden macht, welches aber in Verbindung mit der Getreideernte gebracht wird, vielleicht doch ein uraltes, frühes Fruchtbarkeitssymbol. Hierbei ist ein Abstecher zum „Fruchtbaren Halbmond“ notwendig. Die Bezeichnung umfasst einen Landstrich, der sich in großem Bogen vom heutigen Irak über den Norden Syriens bis in den Libanon und nach Israel und Jordanien erstreckt. Es ist eine jener Gegenden der Welt, wo sich in prähistorischer Zeit Ackerbau und Viehzucht entwickelten.

Höhlenmalereien oder Steinritzungen der frühen Wildbeuter zeigen den Fuchs nur sehr selten. Es gibt aber eine prähistorische Kultstätte, die bekannt ist für besonders viele Fuchsdarstellungen: Göbekli Tepe. Der Ort liegt im Südosten der Türkei am nördlichen Rand des Fruchtbaren Halbmondes. Es ist eine der außergewöhnlichsten Megalith-Anlagen, die bisher entdeckt wurden. Das Besondere an dieser Fundstätte sind die vielen in Stein gehauenen Tierreliefe. Und jetzt kommt es: Der Fuchs zählt dort zu den am häufigsten dargestellten Tieren. Auf den bis zu fünf Meter hohen T-förmigen Steinsäulen wurde ein Dutzend Füchse abgebildet. Insgesamt wurden neben vielen anderen Überresten von Tieren beinahe tausend einzelne Reste von Füchsen, also Zähne, Knochen, usw. gefunden. Vermutet wird, dass diese Kultstätte genau in jener Zeit errichtet wurde, als die Menschen zwar noch als Wildbeuter unterwegs waren, wo es aber auch schon zeitweise sesshafte Gruppen gab und sich allmählich der Übergang zu Ackerbau und Viehhaltung abzeichnete. Von Füchsen wurden die Zähne durchbohrt und als Ketten getragen, man nimmt an, dass die Bälge verwendet wurden, und Spuren an den Knochen sprechen dafür, dass auch das Fleisch von Zeit zu Zeit genutzt wurde. Ob der Fuchs Totemtier bestimmter Clans war, ob er für eine Gottheit stand, im Schamanismus als Krafttier oder bei Begräbniszeremonien eine Rolle gespielt hat, wissen wir nicht. Fest steht, er hat im Leben dieser Menschen eine Rolle gespielt, die weit über das einfache Beutetier hinausgeht.

Feuerfuchs

Bei den Germanen galt der rote Fuchs als ein Tier des Blitze schleudernden Donnergottes Thor. In Nordeuropa gibt es eine Legende vom Fuchs, der das himmlische Feuer gestohlen hat und seitdem mit brennendem Schweif über das Firmament läuft. Erklärt wurde damit das Phänomen der Nordlichter. Feuer und Fuchs werden immer wieder in Zusammenhang gebracht – die rote Fellfarbe liefert eine einfache Erklärung dafür. Von Samson, dem Helden aus dem Alten Testament, ist überliefert, dass er die Schwänze von Füchsen anzündete und diese dann durch die Felder der Philister trieb, wodurch sie in Brand gesetzt wurden. Nach derselbe Methode soll auch ein indischer Held namens Raman die Felder seiner Feinde verbrannt haben. Das

Fuchsbrennen war auch bei den Römern bekannt. Fuchs und Feuer lassen sich über die Farbe Rot einfach verbinden. Wie am Anfang bereits erwähnt steht Rot für Tod, Blut und Zerstörung, Wut und Zorn ebenso wie für Lebensfreude, Fruchtbarkeit und Liebe. Ob hinter dem Verbrennen von Feldern und Füchsen mit brennenden Schwänzen gleich ein Fuchskult steckt, der auf uralte Mythen zurückgeht, oder ob bei der Zerstörung der Nahrungsgrundlage von Feinden ganz einfach ein paar Füchse aus lodernden Kornäckern geflüchtet sind, mag jeder für sich beantworten. Fest steht: Die Farbe Rot weckt Emotionen und regt an. Das haben im Laufe der Geschichte Rothaarige immer wieder zu spüren bekommen. Das reicht von Maria Magdalena bis zu Titus Feuerfuchs in Nestroys Posse „Der Talisman".

Füchse in Ostasien

Wer auf den Fuchs in der Mythologie eingeht, der kommt schlussendlich nicht herum, wenigstens ein paar Sätze über japanische Kitsunen oder die neunschwänzigen Füchse in China zu verlieren. „Kitsune" ist der japanische Name für den Rotfuchs. „Inari" ist im Shintoismus, der am weitesten verbreiteten Religion in Japan, der Gott oder die Göttin der Fruchtbarkeit. Reis und Fuchs sind untrennbar mit ihr verbunden. Die Parallele zum Kornfuchs ist hier unverkennbar. Es gibt sehr viele Schreine in Japan, die dieser Gottheit gewidmet sind. Der Fuchs ist ihr Bote, und Fuchsfiguren schmücken auch heute noch das Umfeld oder den Eingangsbereich dieser Schreine – oft zu Dutzenden. Füchse gelten also heute noch in einer der führenden Industrienationen der Welt als Glücksbringer und Fruchtbarkeitssymbole. Kitsune-Mythen waren in Japan schon lange vor Christi Geburt bekannt. Sie sind ein sehr ursprünglicher Bestandteil der japanischen Kultur.

Sowohl in der japanischen Mythologie wie auch in der chinesischen verwandeln sich Füchse meist in schöne junge Frauen, die zumindest eine Zeitlang eine Beziehung mit einem Mann eingehen. Dabei können sie die liebende Mutter und Ehefrau genauso wie die Femme fatale, die verhängnisvolle Frau, darstellen. Dieser Dualismus erinnert wieder sehr an unser zwiespältiges Bild vom Fuchs. Letztendlich kann jedoch keine auf Dauer in der Gesellschaft des Menschen bleiben. In manchen Epochen führte dieser Glaube zur Verfolgung von Frauen, denen man besondere Kräfte zusprach, ähnlich wie in Europa zur Zeit der Hexenjagd. Ob Kitsune in Japan oder der Unwesen treibende neunschwänzige Fuchs in China, auffällig ist: Füchse werden hier zunächst einmal als Verwandlungskünstler dargestellt.

„Verwandlungsfähig" oder „flexibel", das Erfolgsrezept dieser Wildart heißt: Anpassung! Wer den Rotfuchs kennt, der weiß, wie erfolgreich er in unserer Welt mit allen möglichen Situationen fertigwird. Es erstaunt also wenig, wenn diesem Wildtier schon im Altertum übernatürliche Fähigkeiten zugeschrieben wurden...

Verwandlungskünstler Rotfuchs.
Sein Erfolgsgeheimnis ist die Anpassung.

- Ende -

Steckbrief Fuchs

Systematik

Stamm: Wirbeltiere *(Vertebrata)*
Klasse: Säugetiere *(Mammalia)*
Ordnung: Raubtiere *(Carnivora)*
Überfamilie: Hundeartige *(Canoidea)*
Familie: Hunde *(Canidae)*
Stamm: Echte Füchse *(Vulpini)*
Gattung: Vulpes
Art: Rotfuchs *(Vulpes vulpes)*

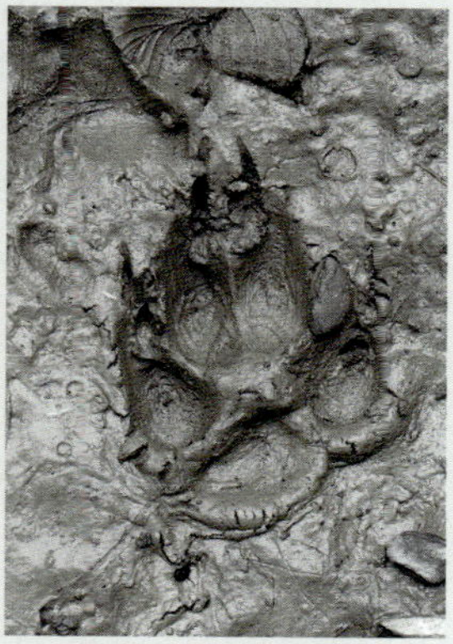

Trittsiegel eines Fuchses.

Körpermaße

Schulterhöhe: 35 bis 50 cm
Kopf-Rumpflänge: 45 bis 90 cm
Schwanzlänge: 35 bis 55 cm
Lebendgewicht: 2,5 bis 9 kg, in Ausnahmefällen bis 14 kg; Fähen sind im Durchschnitt um 15 bis 20 % leichter.

Die Maße schwanken im großen Verbreitungsgebiet dieser Wildart sehr stark. Der Rotfuchs ist der größte unter den Echten Füchsen.

Zahnformel

$$\frac{3I \quad 1C \quad 4P \quad 2M}{3I \quad 1C \quad 4P \quad 3M}$$

(42 Zähne)

Fuchsschädel.
Der große erste Backenzahn (Molar M 1) – das ist der dreizackige Reißzahn.

Alter

In Gefangenschaft werden Füchse bis zu 14 Jahre alt. In freier Natur ist die Lebenserwartung gering. Nur wenige Füchse werden 6 bis 7 Jahre alt, in Ausnahmefällen erreichen einzelne wildlebende Füchse 9 bis 10 Jahre. Die Sterblichkeitsraten in Fuchsbeständen schwanken jährlich zwischen 50 % und 70 %. Den größten Ausfall gibt es bei den diesjährigen Jungtieren. Der Anteil der Jungfüchse am gesamten jährlichen Ausfall beträgt bis zu 60 %, etwa ein Viertel entfällt auf die ein- und zweijährigen Füchse. In unseren Kulturlandschaften sterben rund 80 % der Jungfüchse durch Unfälle. Bei Räude- oder Tollwutepidemien verschieben sich diese Anteile innerhalb der Altersgruppen.

Altersbestimmung

Die Altersbestimmung der Welpen kann in etwa an der Fellfärbung erfolgen – Näheres dazu siehe unter „Haarkleid". In der Regel hilft beim erlegten Winterfuchs ein Blick auf Fang- und Schneidezähne, um das Alter zu schätzen. Die Schneidezähne sind im ersten Jahr dreilappig, das heißt, sie weisen ausgeprägte seitliche Lappen auf. Diese verschwinden meist aber bereits am Ende des ersten Jahres. Einigermaßen sicher kann also nur der Altfuchs vom diesjährigen unterschieden werden. Die Abnützung der Zähne ist zum Teil sehr unterschiedlich, weil hier auch das Nahrungsspektrum eine Rolle spielt. Man müsste also den Zahn schon durchschneiden, um dann anhand der Zahnzementablagerungen auf das tatsächliche Alter schließen zu können. Grundsätzlich können dafür die Wurzeln aller

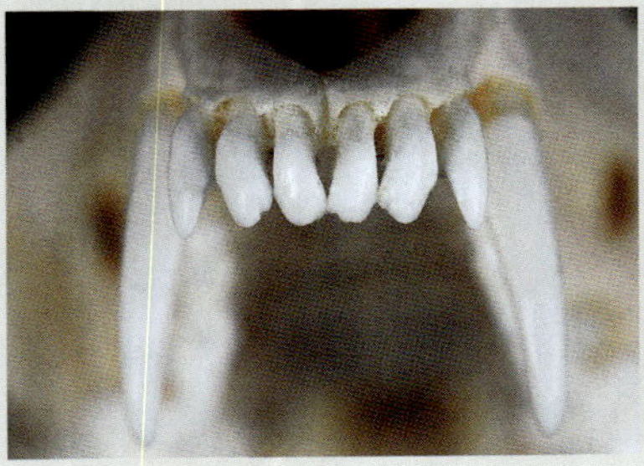

Schneidezähne.

Bei Jungfüchsen sind die Spitzen der Schneidezähne noch deutlich dreilappig. Mit zunehmendem Alter runden sie sich ab und werden stumpf, wie bei diesem Fuchs.

Zähne herangezogen werden, Querschnitte durch die Wurzelspitzen der mittleren Prämolaren oder durch die Wurzelspitzen der Fangzähne sind aber besonders geeignet. Der Zahnwechsel ist im Alter von ungefähr fünf Monaten abgeschlossen, also etwa im August. Bei der Geburt sind Fuchswelpen zahnlos, Augen und Ohren sind geschlossen. Die Jungen öffnen mit 10 bis 14 Tagen die Augen, die Iris der Welpen ist blau. Etwa im Alter von 18 Tagen brechen die ersten Milchzähne durch. Schon nach 26 Tagen sind alle Milchzähne vorhanden.

Fortpflanzung

Männliche und weibliche Tiere erreichen im ersten Herbst beziehungsweise Winter die Geschlechtsreife. Weibliche Füchse bringen in der Regel nach einem Jahr ihre ersten Jungen zur Welt. Bei hohen Dichten und geringem Nahrungsangebot bringt die Hälfte der einjährigen weiblichen Füchse keine Welpen.

Fortpflanzungszeit

Jänner, Februar

Tragzeit

51 bis 53 Tage. Ein Wurf im Jahr. Etwa 30 Tage nach der Kopulation schwellen bei der Fähe die Zitzen. Nach 40 Tagen beginnen die Haare am Bauch auszufallen oder werden ausgerupft oder abgeleckt.

Die Wurfzeit reicht etwa von Mitte März bis Mitte April. Studien aus Nord-Dakota ergaben als durchschnittlichen Wurfzeitpunkt den 31. März. Vereinzelt gab es dort Würfe bereits in der ersten Märzwoche, ebenso aber auch noch Ende Mai.

Anzahl Junge

3 bis 6 Welpen. In Ausnahmefällen auch 8 bis 10 Welpen. Fähen können verwaiste Welpen adoptieren. Zwei Fähen können ihre Welpen auch im selben Bau wölfen und aufziehen.

Bei den Embryos gibt es in der Regel ein Geschlechterverhältnis von 1:1, das bei der Geburt aber leicht zugunsten der männlichen Nachkommen verschoben sein kann.
Geburtsgewicht etwa 80 bis 100 Gramm. Die Fähe bleibt nach der Geburt etwa 2 Wochen bei den Jungen im Bau, um diese zu säugen und zu wärmen. Sie wird während dieser Zeit vom Rüden mit Nahrung versorgt. „Helfer-Füchse" – meist Weibchen aus dem letztjährigen Wurf – können in manchen Fällen bei der Versorgung der Jungen helfen.

Säugezeit

1 bis 2 Monate. Mit 4 bis 5 Wochen beginnen die Jungen feste Nahrung aufzunehmen. Mit 8 bis 10 Wochen werden sie allmählich entwöhnt.

Haarkleid und Haarwechsel

In den ersten drei, vier Wochen sind die Welpen grau. Ihr Balg wird dann graubraun. Jungfüchse im Alter von 40 Tagen sind graubraun. Danach wechselt die Farbe zu gelbbraun, die Welpen sind nun etwa zweieinhalb Monate alt. Mit rund 70 Tagen wird ihr Balg allmählich rot mit gelbbraunem Ton. Mit 80 Tagen sind die Jungfüchse rot und zur Hälfte ausgewachsen. Mit 3 Monaten erreichen die Welpen etwa zwei Drittel ihrer endgültigen Körpergröße. Die Jungen bleiben bis zum Alter von 3,5 Monaten in der Umgebung des Baues. Etwa im Alter von 3,5 Monaten beginnen sie, selbständig nach Nahrung zu suchen. Die Körperproportionen erwachsener Füchse erlangen die Jungen aber erst mit 5 bis 6 Monaten, also im August bis September.

Es gibt einen Haarwechsel im Jahr, er wird im Frühjahr über die zunehmende Tageslänge ausgelöst. Meist beginnt dieser im April, im Mai tragen die meisten Füchse aber noch den Großteil ihres Winterhaars. Der Haarwechsel beginnt zuerst an den Läufen und endet im Nackenbereich und am Schwanzende. Im Juni sehen die meisten Füchse ziemlich zerrupft aus. Über den Sommer beginnt dann der neue Balg zu wachsen, während immer noch Winterhaar

Bergfuchs Mitte Juni. Allmählich kommt der rote Sommerbalg unter dem langen Winterhaar hervor.

ausfällt. Ende August, Anfang September ist das alte Haar völlig gewechselt. Ende September, Anfang Oktober wächst der neue Winterbalg – vor allem die Unterwolle; spätestens bis Dezember ist dieser fertig. Von November bis Februar ist der Balg in besonders gutem Zustand. Der Balg der Jungfüchse wächst sowie die Körpergröße zunimmt, den ersten Haarwechsel gibt es bei ihnen erst nach einem Jahr.

Rüden beginnen im September abzuwandern. Rund zwei Drittel der Rüden und ein Drittel der weiblichen Jungfüchse wandern ab. Wenn Füchse ein freies Gebiet gefunden haben, dann sind sie standorttreu. Ein Streifgebiet wird in der Regel von einem Rüden, einer Fähe und deren Nachkommen beansprucht. Fuchsreviere werden gegen Nachbarn und Eindringlinge abgegrenzt.

Lautäußerungen

Erwachsene Füchse knurren nicht wie Wölfe oder Hunde. Dieser Laut wird bei nahem Kontakt von Angesicht zu Angesicht erzeugt. Bei sozial lebenden Caniden, die engen Kontakt untereinander halten, ist diese Lautäußerung also sinnvoll, bei den einzelgängerischen Füchsen dagegen nicht. Dennoch geben Füchse eine Reihe von Lauten von sich. Der deutsche Verhaltensforscher Günter Tembrock unterschied 28 verschiedene Laute beim Fuchs, die Palette reicht von Begrüßung über Alarm oder Kontakt bis zu Unterwerfungs- und Warnlauten. Neuere Studien belegen etwa 20 verschiedene Laute, einen Teil davon gibt es nur bei Welpen, die erwachsenen

Tiere sind besonders im Winter zu hören. Es ist schwierig, für die verschiedenen Lautäußerungen die richtige Bezeichnung zu finden. Winselnde Laute der Welpen werden als „Getriller" bezeichnet, rhythmisches Kläffen ist bei ihnen ebenso dabei wie leises Knurren oder Brummeln. Die Fähe warnt ihre Welpen mit lautem hohen Bellen. Am häufigsten hört man während der Ranzzeit das stakkatoähnliche Bellen der Füchse. Es wird als Kontaktruf über weite Entfernungen gedeutet.

Drüsen

Duftsignale spielen im Leben der Rotfüchse vor allem für die indirekte Verständigung eine zentrale Rolle. Oberseits der Lunte, etwa 7 cm von der Schwanzwurzel entfernt, befindet sich eine Drüse, die Viole, deren Sekret veilchenartig duftet; ihre Funktion ist bis heute noch nicht gänzlich geklärt. Es gibt jedoch eindeutige Hinweise, dass die Viole im Zusammenhang mit der Fortpflanzung eine Rolle spielt. Die Drüse schwillt vor allem im Winter an, und der Rüde bewindet und beleckt diese Stelle der Fähe zur Ranz immer wieder.

Duftsignale spielen im Leben des Fuchses eine große Rolle.

Diese Drüse ist bei Rüden in der Ranzzeit jedoch aktiver als bei den Fähen. Nahe am Weidloch sitzen die Analbeutel, die ein Sekret mit dem typischen Geruch enthalten. Beim Ausscheiden wird der Kot mit dem Sekret aus diesen Drüsen benetzt. Auch die Analdrüsen sind während der Ranz besonders aktiv. Die Fuchslosung dient jedenfalls auch zur Abgabe von Geruchssignalen. Deshalb wird die Losung auch gern an erhöhten Stellen wie Steinen, Wurzelstöcken, Maulwurfshaufen und so weiter abgesetzt. Neben diesen Drüsen gibt es auch Drüsen im Lippenwinkel. Um die Sekrete aus diesen Drüsen abzugeben, streift der Fuchs mit seinem Kopf über den Boden oder auch an Zweigen. Geruchliche Botschaften gibt der Fuchs aber natürlich auch über Urin ab. Mit Harn markieren sowohl Rüde als auch Fähe. Jeder, der nur ein wenig mit Füchsen zu tun hat, kennt den Geruch. Füchse markieren nur in ihrem eigenen Revier.

Echte Füchse

Bengalfuchs oder **Indischer Fuchs**

(Vulpes bengalensis)

Heimisch auf dem Indischen Subkontinent. Kommt in Indien, in Nepal, Pakistan und Bangladesch vor. Eine leichte, hochläufig wirkende Fuchsart mit knapp 2 bis 3 kg Körpergewicht. Das Fell ist kurzhaarig und sandfarben mit rötlichem Einschlag und auffälliger schwarzer Schwanzspitze. Dieser Fuchs besiedelt vor allem offene Landschaften mit semi-aridem Gras- und Dornbuschland. Dichte Wälder meidet er. Der Bengalfuchs ist zwar der häufigste Fuchs in den Ebenen Indiens, aber er kommt nirgends in hohen Dichten vor. Man nimmt an, dass diese Füchse in dauerhafter Paarbindung leben. Wo ihnen nicht zu stark nachgestellt wird, sind sie tagaktiv. Der Bengalfuchs ist ein Allesfresser mit breitem Nahrungsspektrum.

Afghanfuchs

(Vulpes cana)

Dieser Fuchs lebt in Afghanistan, Turkmenistan, im Iran, auf Teilen der Arabischen Halbinsel und der Sinai Halbinsel in Ägypten. Afghanfüchse bevorzugen trockene Gebirgsregionen bis in Höhen von 2.000 m ebenso wie Wüsten und Steppen. Sie zählen neben dem Fennek zu den kleinsten Füchsen, haben ein sandfarbenes Fell mit dunklem Aalstrich am Rücken, große Ohren und einen auffällig großen, buschigen Schwanz. Der Schwanz ist so lang wie der Körper. Die Tiere wiegen nur etwa ein Kilogramm. Im Gesicht der Tiere verläuft ein charakteristischer schwarzer Streifen von den inneren Augenwinkeln bis zu den Lefzen. Auch beim Afghanfuchs geht man davon aus, dass die Tiere paarweise leben. Sie sind jedoch strikt nachtaktiv. Sie ernähren sich von Früchten und Insekten, der Anteil an pflanzlicher Nahrung ist größer als bei anderen Füchsen.

Kapfuchs, auch **Kama-Fuchs** oder **Silberrückenfuchs**
(Vulpes chama)

Dieser Fuchs ist der einzige Echte Fuchs im südlichen Afrika. Kapfüchse besiedeln trockene Savannen und Halbwüsten. Der Balg dieses Fuchses ist am Rücken silbergrau, am Bauch bis zu den Flanken ist er cremefarben. Der Kapfuchs ist recht hochläufig und wiegt etwa 2,5 bis 3 kg. Charakteristisch sind auch bei ihm die großen Ohren. Die Tiere sind nachtaktiv und leben von Insekten, Mäusen oder Eidechsen.

Steppenfuchs oder **Korsak**
(Vulpes corsac)

Der Korsak besiedelt weite Teile Zentralasiens vom europäischen Teil Russlands bis weit nach Osten in die Mandschurei und nach Tibet. Im Süden reicht das Verbreitungsgebiet bis in den Norden des Iran. Auch dieser Fuchs besiedelt, wie der Name schon sagt, Steppen und Halbwüsten. Im Sommer zeigt der Balg ein blasses, ins Rötliche gehende Braungrau, Bauch und Kehle sind weiß. Die Schwanzspitze ist dunkel bis schwarz. Das Winterfell ist viel heller. Der seidige, weiche Winterbalg ist als Schutz gegen das extreme raue Steppenklima sehr dicht und daher auch sehr begehrt. Steppenfuchs und Rotfuchs kommen in vielen Regionen nebeneinander vor. Steppenfüchse werden etwa 1,5 bis gut 3 kg schwer. Die Lunte ist im Vergleich zu anderen Füchsen recht kurz (25 bis 30 cm). Der Korsak ist wie die meisten Füchse ein Opportunist, der von Insekten bis zu Hasen, Murmeltieren oder Kragentrappen ein breites Beutespektrum nutzt. Wühlmäuse, Steppenlemminge, Rennmäuse, Hamster und Ziesel gehören zu den hauptsächlichen Beutetieren.

Tibetfuchs
(Vulpes ferrilata)

Auch der Tibetfuchs besiedelt Steppen und Halbwüsten im Hochland von Tibet. Das dichte Fell ist am Rücken rötlich sandfarben, an den Flanken grau. Die Läufe sind rötlichbraun, der kurze buschige Schwanz ist im hinteren Drittel sehr hell. Die Brust ist weiß, ebenso die Kehle, die von zwei tiefschwarzen Streifen eingegrenzt wird. Auffällig ist beim Tibetfuchs der Kopf, der durch die langen Backenhaare sehr groß wirkt. Die Ohren sind kurz und klein – alles Anpassungen an große Kälte. Tibetfüchse werden etwa 3 bis 5 kg schwer. Sie sind tagaktiv und ernähren sich bevorzugt von Pfeifhasen, daneben auch von Murmeltieren, kleinen Nagetieren, Wollhasen, Aas oder auch Lerchen, Schneefinken oder Rebhühnern wie auch Beeren.

Polarfuchs oder **Eisfuchs**
(Vulpes lagopus)
Der Eisfuchs besiedelt die gesamte nördliche Polarregion zirkumpolar, das heißt, von Skandinavien und Spitzbergen über das nördliche Sibirien bis nach Alaska, Kanada und Grönland. Dieser Fuchs lebt in den Tundren nördlich der Waldgrenze. Er wechselt vom braunen Sommerfell in ein weißes Winterfell. Bei keinem anderen Hundeartigen ist der Haarwechsel so auffällig wie beim Polarfuchs. Er frisst Lemminge, Vogelgelege und Küken, Schneehühner, Zugvögel, Reste von Fischen oder Robben ebenso wie Beutereste von Eisbär, Wolf oder Vielfraß, daneben auch Beeren. Zu den Hauptfeinden zählt der Rotfuchs.

Kitfuchs
(Vulpes macrotis)
Der Kitfuchs ist eine kleine Art, die trockene Gebiete im westlichen Nordamerika besiedelt. Er kommt hauptsächlich in verbuschten Wüsten, Grassteppen, aber auch in Obstplantagen und zum Teil in Siedlungsgebieten vor. Der Balg ist licht gelblichgrau mit kurzem Haar. Der Kitfuchs wird 1,5 bis knapp 3 kg schwer. Kitfüchse jagen bevorzugt Präriehunde, Känguru-Ratten oder Ziesel. Daneben nehmen sie aber auch Insekten, Reptilien oder Vögel. Sowohl Kojoten als auch Rotfüchse und Rotluchse zählen zu den Feinden der Kitfüchse.

Swiftfuchs
(Vulpes velox)

Swiftfüchse leben im Mittelwesten der USA. Ein Vorkommen gibt es auch an der Grenze zu Kanada. Sie besiedeln bevorzugt Kurzgrasprärien. Der Swiftfuchs ist etwas kleiner als der Kitfuchs. Sein Balg ist hellgrau mit orangebraunem Farbton an den Flanken und Beinen. Brust und Bauch sind weiß. Die Schwanzspitze ist schwarz. Swiftfüchse leben von Insekten, Reptilien, kleinen Nagetieren oder Vögeln. Lange Zeit war nicht eindeutig klar, ob Kit- und Swiftfüchse zwei getrennte Arten darstellen. Heute steht fest, dass es sich um zwei Arten handelt. Kitfüchse werden in Kanada wie auch in einigen Staaten der USA als gefährdet eingestuft.

Blassfuchs
(Vulpes pallida)

Der Blassfuchs lebt in den Halbwüsten südlich der Sahara. Der Balg ist licht rötlichbraun. Auffällig ist der lange Schwanz mit schwarzer Spitze. Der Blassfuchs wird 2 bis 3 kg schwer. Wie auch die anderen Füchse, die Trockenregionen bewohnen, hat er große Ohren, die jedoch oben abgerundet sind. Blassfüchse sind wie ihre Verwandten Allesfresser. Bevorzugt werden Nagetiere, Früchte, Beeren, Eier, aber auch Vögel oder Geflügel.

Rüppelfuchs oder **Sandfuchs**
(Vulpes rueppellii)

Diese Fuchsart lebt in Wüsten und Halbwüsten Nordafrikas. Ihr Verbreitungsgebiet schließt also im Norden an den Blassfuchs an, es zieht sich aber noch über die Arabische Halbinsel und den Iran bis in den Westen Pakistans und Afghanistans. Dieser Fuchs meidet aber die extrem trockenen Gebiete der Zentralsahara und bevorzugt eher die Ränder von Wüsten ebenso wie Wadis oder die Umgebung von Oasen. Der Name bezieht sich auf den deutschen Afrikaforscher Eduard Rüppel. Rüppelfüchse werden rund 2 kg schwer. Auch bei ihm sind die großen Ohren auffällig. Das Fell ist insgesamt sehr hell sandfarben mit lichtorangen Flanken, die Beine sind hellbeige, die Bauchseite weißlich. Im Winter ist der Rücken rötlichbraun, die Flanken sind blassgrau. Der Schwanz ist mit 30 cm etwa so lang wie der Körper. Die Füchse ernähren sich vor allem von Insekten, Eidechsen, kleinen Nagetieren – das Nahrungsspektrum ändert sich mit dem großen Verbreitungsgebiet von Marokko bis nach Pakistan je nach Angebot. Unser Rotfuchs ist der nächste Verwandte des Rüppelfuchses, gleichzeitig aber auch dessen schärfster Konkurrent.

Fennek oder **Wüstenfuchs**
(Vulpes zerda)
Der Fennek ist der kleinste aller Wildhunde. Er bewohnt die gesamte Combine Sahararegion in Nordafrika. Der Wüstenfuchs braucht Sandwüsten, um Baue anzulegen. Das Fell ist sandfarben, beige mit rötlichem Ton. Die Sohlen der Zehenballen sind dicht behaart. Auffällig sind die besonders großen Ohren, sie machen ein Fünftel der Körperoberfläche aus. Erwachsene Tiere wiegen 1 bis 1,5 kg. Sie sind nachtaktiv und leben paarweise. Der Fennek kann Geräusche und Bewegungen im Sand selbst dann noch hören, wenn sie tief unter der Erdoberfläche entstehen. Die Füchse graben im Sand nach Insekten oder kleinen Wirbeltieren, sie jagen Eidechsen, Geckos, Wüstenspringmäuse, nehmen aber auch Früchte oder Pflanzenknollen. Fenneks werden seit langem gezähmt und als Haustiere gehalten.

Ausgewählte Literatur

Graziella L. Dell'Arte, Giovanni Leonardi (2005): Effects of habitat composition on the use of resources by the red fox in a semi arid environment of North Africa. Acta Oecologica 28 (2005) 77-85.

Luigi Boitani, Paolo Barrasso & Ivan Grimod (1984) Ranging behaviour of the red fox in the Gran Paradiso National Park (Italy), Bolletino di zoologia, 51:3-4, 275-284.

Paolo Cavallini (1996): Variation in the social system oft he red fox. Ethology Ecology & Evolution 8: 323-342; 1996.

Bodil Elmhagen, E Ritchie, A Glen, P Helle, M Letnic, G Ludwig, R McDonald, S Rushton & Harto Lindén (2014) Top predators, mesopredators and their prey: the importance of ecosystem context in species interactions: IUGB presentation for website.

Elmhagen, Ludwig, Rushton, Helle & Lindén 2010. Top predators, mesopredators and their prey… J Anim Ecol 79:785-794.

Vincenzo Gervasi, Erlend B. Nilsen, Hakan Sand, Manuela Panzacchi, Geir R. Rauset, Hans C. Pedersen, Jonas Kindberg, Petter Wabakken, Barbara Zimmermann, John Odden, Olof Liberg, Jon E. Swenson and John D. C. Linnell (2012): Predicting the potential demographic impact of predators on their prey: a comparative analysis of two carnivore–ungulate systems in Scandinavia. Journal of Animal Ecology 2012, 81, 443–454.

Jacek Goszczynski (1989): Population Dynamics oft he Red Fox in Central Poland. Acta Theriologica Vol. 34, 10: 141-154, 1989.

Jacek Goszczynski and Michal Wasilewski (1992): Predation of foxes on a hare population in central Poland. Acta Theriologica 37 (4): 329-338, 1992.

S. Harris and G. C. Smith (1987): Demography oft wo urban fox (Vulpes vulpe) populations. Journal of Applied Ecology (1987) 24, 75-86.

David J. Henry (1996): Red Fox - The Catlike Canin. A smithsonian nature book, Bibliography: p153. ISBN 13: 978-1-56098-635-5.

Sandra Gloor, F. Bontadina, D. Hegglin, P. Deplazes, and U. Breitenmoser (2001): The rise of urban fox populations in Switzerland. Mammalian Biology 66 (2001) 155-164, Zeitschrift für Säugetierkunde. © Urban & Fischer Verlag http://www.urbanfischerde/journals/mammbiol.

Graziella Iossa, Carl D. Soulsbury, Philip J. Baker, Keith J. Edwards, and Stephen Harris (2008): Behavioral changes associated with a population density decline in the facultatively social red fox. Behavioral Ecology doi:10.1093/beheco/arn149 Downloaded from http://beheco.oxfordjournals.org/ by guest on April 17, 2014.

Helldin, J-O. & Danielsson, A.V. 2007: Changes in red fox Vulpes vulpes diet due to colonisation by lynx Lynx lynx. Wildlife Biology, 13(4):475-480.

Christof Janko (2012): Urbanisation von Wildtieren – Veränderungen der Verhaltensbiologie des Rotfuchses (Vulpes vulpes) in Verbindung zur Dimension der Alveolären Echinokokkose beim Menschen. Treffpunkt Biologische Vielfalt 11 2012 131 - 135 Hrsg.: Bundesamt für Naturschutz, Bonn.

Christof Janko, Wolfgang Schröder, Stefan Linke, Andreas König (2012): Der Dorffuchs - Raumverhalten, Habitatnutzung und Populationsdichte des Rotfuchses (Vulpes vulpes) in Dörfern und Kleinstädten. Beiträge zur Jagd- und Wildforschung, Bd. 37 (2012) 187-198.

Keith W. Van Etten, Kenneth R. Wilson and Robert L. Crabtree (2007): Habitat use of red foxes in Yellowstone National Park based on snow tracking and telemetry. Journal of Mammalogy, 88(6): 1498-1507.

Anders Jarnemo, Olof Liberg, Steffan Lockowandt, Agneta Olsson, Kjell Wahlström (2004): Predation by red fox on European roe deer fawns in relation to age, sex, and birth date. Canadian Journal of Zoology, 2004, 82(3): 416-422.

Anders Jarnemo and Olof Liberg (2005): Red Fox Removal and Roe Deer Fawn Survival: A 14-Year Study. The Journal of Wildlife Management Vol. 69, No. 3 (Jul., 2005), pp. 1090-1098.

Donald M. Jones, John B. Theberge (1982): Summer home range and habitat utilisation of the red fox (Vulpes vulpes) in a tundra habitat, northwest British Columbia. Canadian Journal of Zoology, 1982, 60(5): 807-812.

Petter Kjellander and Jonas Nordström (2003): Cyclic voles, prey switching in red fox, and roe deer dynamics – a test of the alternative prey hypothesis. OIKOS 101: 338-344, 2003.

Felix Labhardt (1990): Der Rotfuchs. Verlag Paul Parey.

Erik Lindström, Henrik Andren, Per Angelstam, Goran Cederlung, Birger Hornfeldt, Lars Jadererg, Per-Arne Lemnell, Berit Martinsson, Kent Skold, John Swenson (1994): Disease Reveals the Predator: Sarcoptic Mange, Red Fox Predation, and Prey Populations. Ecology, vol. 75, No. 4, 1042-1049.

David Macdonald (1983): The ecology of carnivore social behaviour. Nature Vol. 301 3 Feb. 1983.

David Macdonald (1993): Unter Füchsen. Knesebeck Verlag.

Marcström, V., R.E. Kenward & E. Engren (1988): Teh impact of predation on boreal Tetraonids during vole cycles: an experimental study. In: Journal of Animal Ecology (1988), 57, S. 859-872.

Jean-Steve Meia, Jean-Marc Weber (1995): Home ranges and movements of red foxes in central Europe: stability despite environmental changes. Canadian Journal of Zoology, 1995, 73(10): 1960-1966.

F. Palomares and T. M. Caro (1999): Interspecific Killing among Mammalian Carnivores. vol. 153, no. 5 the american naturalist may 1999.

Marek Panek (2009): Factors Affecting Predation of Red Foxes Vulpes vulpes on Brown Hares Lepus europaeus During the Breeding Season in Poland. Wildlife Biology, 15(3):345-349. 2009.

Manuela Panzacchi, John D. C. Linnell, Giulia Serrao, Sveinung Eie, Morten Odden, John Odden, Reidar Andersen (2008): Evaluation of the importance of roe deer fawns in the spring–summer diet of red foxes in southeastern Norway. Ecol Res (2008) 23: 889–896.

M. Panzacchi, J. D. C. Linnell, M. Odden, J. Odden and R. Andersen (2009): Habitat and roe deer fawn vulnerability to red fox predation. Journal of Animal Ecology 2009, 78, 1124–1133.

John D. Perrine (2005): Ecology of Red Fox (Vulpes vulpes) in the Lassen Peak Region of California, USA. Dissertation University of California, Berkeley.

Peters J. & Schmidt K. 2004. – Animals in the symbolic world of Pre-Pottery Neolithic Göbekli Tepe, southeastern Turkey: a preliminary assessment. Anthropozoologica 39 (1) :179-218.

Laura R. Prugh, Chantal J. Stoner, Clinton W. Epps, William T. Bean, William J. Ripple, Andrea S. Laliberte, Justin S. Brashares (2009): The Rise of the Mesopredator. BioScience 59 - October 2009 / Vol. 59 No. 9.

Jonathan C. Reynolds, Chris Stoate, Malcolm H. Brockless, Nicholas J. Aebischer, Stephen C. Tapper. The consequences of predator control for brown hares () on UK farmland. European Journal of Wildlife Research, Springer Verlag, 2009, 56 (4), pp.541-549. <10.1007/s10344-009-0355-3>. <hal-00546861>.

S.P. Rushton, M.D.F. Shirley, D.W. Macdonald, J.C. Reynolds (2006): Effects of Culling Fox Populations at the Landscape Scale: A Spatially Explicit Population Modeling Approach. The Journal of Wildlife Management _ 70(4).

Sargeant, Alan B.; Allen, Stephen H.; and Johnson, Douglas H., "Determination of Age and Whelping Dates of Live Red Fox pups" (1981). USGS Northern Prairie Wildlife Research Center. Paper 213. http://digitalcommons.unl.edu/usgsnpwrc/213.

Sunde, P., Overskaug, K. and Kvam, T. 1999. Intraguild predation of lynxes on foxes: evidence of interference competition? - Ecography 22: 521 -523.

Ad Vos (1995): Population dynamics oft he red fox (Vulpes vulpes) after the disappearance of rabies in county Garmisch-Partenkirchen, Germany, 1987-1992. Ann. Zool. Fennici 32: 93-97.

Wlodzimierz Jędrzejewski and Bogumila Jędrzejewska (1992): Foraging and diet of the red fox Vulpes vulpes in relation to variable food resources in Biatowieza National Park, Poland. Ecography, Volume 15, Issue 2, pages 212-220, April 1992. Article first published online: 30 JUN 2006.

Hubert Zeiler

Rotwild in den Bergen

384 Seiten, davon 64 Seiten Farbtafeln mit mehr als 100 Farbbildern und SW-Zeichnungen. Exklusiv in Leinen.

Preis: 65.- Euro.

Alles über Leben, Lebensraum, Geschichte, Verhalten, Bestandesentwicklung, Jagd, Geweih und Vererbung.

Rehe im Wald

304 Seiten, über 200 Farbfotos und Zeichnungen. Exklusiv in Leinen.

Preis: 65.- Euro.

Spannende Einblicke in das Leben einer vermeintlich bekannten Wildart. Der Leser wird durch dieses Buch lernen, die Rehe mit anderen Augen zu sehen.

Auerwild Leben – Lebensraum – Jagd

240 Seiten, 48 Seiten Farbtafeln mit über 100 Farbfotos und 50 SW-Zeichnungen. Exklusiv in Leinen.

Preis: 65.- Euro.

Eine vollständige Monografie über den Großen Hahn. Mit Anleitungen, wie man die Lebensräume des Auerwildes mit wenig Aufwand wieder verbessern kann.

Birkwild Haselhuhn – Schneehuhn

296 Seiten, 48 Seiten Farbtafeln mit über 100 Farbfotos und 50 SW-Zeichnungen. Exklusiv in Leinen.

Preis: 65.- Euro.

Dieses Buch komplettiert die Serie über heimische Raufußhühner und bringt das Wissen um diese Vögel auf den heutigen Stand.

Österreichischer Jagd- und Fischerei-Verlag
1080 Wien, Wickenburggasse 3

Tel. +43/1/405 16 36 Fax +43/1/405 16 36/59
E-mail: verlag@jagd.at Internet: www.jagd.at